기적의 계산법

예비초등 1권

예비초등생을 위한 연산 공부법

1 생활 속 계산으로 수, 연산과 친해지기

아이들은 아직 논리적, 추상적 사고가 발달하지 않았기 때문에 직관적인 범위를 벗어나는 수에 관한 문제나 추상적인 기호로 표현된 수식은 이해하기 힘듭니다. 아이들에게 수식은 하나하나 해석이 필요한 외계어일뿐입니다. 일상생활에서 쉽게 접할 수 있는 과자나 장난감 등을 이용해 보세요. 이때 늘어나고 줄어드는 수량의 변화를 덧셈, 뺄셈으로 나타낸다는 것을 함께 알려 주세요. 구체적인 상황을 수식으로 연결짓는 훈련을 하면 아이들이 쉽게 수식을 이해할 수 있습니다.

▶ 생활 속 수학 경험

케이크가 10개 있었는데 3개를 먹었더니 7개만 남았어.

줄어들면 뺄셈!

$10 - 3 = 7$

수학자신감

2 스스로 조작하며 연산 원리 이해하기

말로 연산 원리를 설명하지 마세요. 아이들은 장황한 설명보다 직접 눈으로 보고, 손으로 만지는 경험을 통해 원리를 더 쉽게 깨닫습니다.
덧셈과 뺄셈의 원리를 아이들이 이해하기 쉽게 시각화한 수식 모델로 보여 주면 엄마가 말로 설명하지 않아도 스스로 연산 원리를 깨칠 수 있습니다.
수식을 보고 직접 손가락을 꼽으면서 세어 보거나 스티커나 과자 등의 구체물을 모으고 가르는 조작 활동은 연산 원리를 익히는 과정이므로 충분히 연습하는 것이 좋습니다.

▶ 연산 시각화 학습법

| 1단계 손가락 모델 | ➡ | 2단계 기호가 있는 수식 |

$➡ 4 + 2 = 6$

손가락 인형 4개와 2개는 모두 6개!

4 더하기 2는 6!

수학자신감

초등학교 1학년 수학 내용의 80%는 수와 연산입니다.
연산 준비가 예비초등 수학의 핵심이죠.
입학 준비를 위한 효과적인 연산 공부 방법을 알려 드릴게요.

3 반복연습으로 수식 계산에 익숙해지기

아이가 한 번에 완벽히 이해했을 것이라고 생각하면 안 됩니다. 당장은 이해한 것 같겠지만 돌아서면 잊어버리고, 또 다른 상황을 만나면 전혀 모를 수 있습니다. 원리를 깨쳤더라도 수식 계산에 익숙해지기까지는 꾸준한 연습이 필요합니다.

느리더라도 자신의 속도대로, 자신만의 방법으로 정확하게 풀 수 있도록 지도해 주세요. 이때 매일 같은 시간에, 같은 양을 학습하면서 공부 습관도 잡아주세요. 한 번에 많이 하는 것보다 조금씩이라도 매일 꾸준히 반복적으로 학습하는 것이 더 좋습니다.

▶ **4day 반복 학습설계**

연산 원리 연산 적용

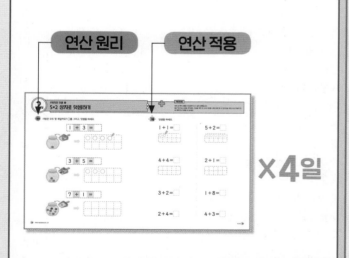

×4일

수학자신감

4 수학 교과서 속 연산 활용까지 알아보기

1학년 수학 교과서를 보면 기초 계산 문제 외에 응용 문제나 문장제 같은 다양한 유형들이 있습니다. 이와 같은 문제는 낯선 수학 용어의 의미를 모르거나 무엇을 묻는 것인지 문제 자체를 이해하지 못해 틀리는 경우가 많습니다.

기초 계산 문제를 넘어 연산과 관련된 수학 용어의 의미, 수학 용어를 사용하여 표현하는 방법, 기호로 표시된 수식을 해석하는 방법, 문장을 식으로 나타내는 방법 등 연산을 활용하는 방법까지 알려 주는 것이 좋습니다. 다양한 활용 문제를 익히면 어려운 수학 문제가 만만해지고 수학자신감이 올라갑니다.

▶ **미리 보는 1학년 연산 활용**

수학 용어 문장제 수학적 표현

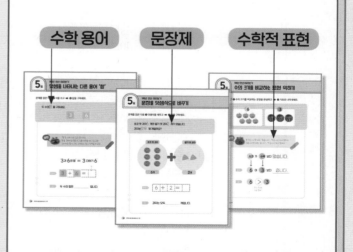

수학자신감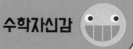

<기적의 계산법 예비초등>은 초등 1학년 연산 전 과정을 학습할 수 있도록 구성된
연산 프로그램 교재입니다. 권별, 단계별 내용을 한눈에 확인하고 차근차근 공부하세요.

권	학습단계	학습주제	1학년 연산 미리보기	초등 연계 단원
1권	1단계	10까지의 수	수의 크기를 비교하는 표현 익히기	[1-1] 1. 9까지의 수 3. 덧셈과 뺄셈
	2단계	수의 순서	순서를 나타내는 표현 익히기	
	3단계	수직선	세 수의 크기 비교하기	
	4단계	연산 기호가 없는 덧셈	문장을 그림으로 표현하기	
	5단계	연산 기호가 없는 뺄셈	비교하는 수 문장제	
	6단계	+, −, = 기호	문장을 식으로 표현하기	
	7단계	구조적 연산 훈련 ①	1 큰 수 문장제	
	8단계	구조적 연산 훈련 ②	1 작은 수 문장제	
2권	9단계	2~9 모으기 가르기 ①	수를 가르는 표현 익히기	[1-1] 3. 덧셈과 뺄셈
	10단계	2~9 모으기 가르기 ②	번호를 쓰는 문제 '객관식'	
	11단계	9까지의 덧셈 ①	덧셈을 나타내는 다른 용어 '합'	
	12단계	9까지의 덧셈 ②	문장을 덧셈식으로 바꾸기	
	13단계	9까지의 뺄셈 ①	뺄셈을 나타내는 다른 용어 '차'	
	14단계	9까지의 뺄셈 ②	문장을 뺄셈식으로 바꾸기	
	15단계	덧셈식과 뺄셈식	수 카드로 식 만들기	
	16단계	덧셈과 뺄셈 종합	계산 결과 비교하기	
3권	17단계	10 모으기 가르기	짝꿍끼리 선으로 잇기	[1-1] 5. 50까지의 수
	18단계	10이 되는 덧셈	수 카드로 덧셈식 만들기	
	19단계	10에서 빼는 뺄셈	어떤 수 구하기	
	20단계	19까지의 수	묶음과 낱개 표현 익히기	[1-2] 2. 덧셈과 뺄셈(1) 6. 덧셈과 뺄셈(3)
	21단계	십몇의 순서	사이의 수	
	22단계	(십몇)+(몇), (십몇)−(몇)	문장에서 덧셈, 뺄셈 찾기	
	23단계	10을 이용한 덧셈	연이은 덧셈 문장제	
	24단계	10을 이용한 뺄셈	동그라미 기호 익히기	
4권	25단계	10보다 큰 덧셈 ①	더 큰 수 구하기	[1-2] 2. 덧셈과 뺄셈(1) 4. 덧셈과 뺄셈(2)
	26단계	10보다 큰 덧셈 ②	덧셈식 만들기	
	27단계	10보다 큰 덧셈 ③	덧셈 문장제	
	28단계	10보다 큰 뺄셈 ①	더 작은 수 구하기	
	29단계	10보다 큰 뺄셈 ②	뺄셈식 만들기	
	30단계	10보다 큰 뺄셈 ③	뺄셈 문장제	
	31단계	덧셈과 뺄셈의 성질	수 카드로 뺄셈식 만들기	
	32단계	덧셈과 뺄셈 종합	모양 수 구하기	
5권	33단계	몇십의 구조	10개씩 묶음의 수 = 몇십	[1-1] 5. 50까지의 수
	34단계	몇십몇의 구조	묶음과 낱개로 나타내는 문장제	
	35단계	두 자리 수의 순서	두 자리 수의 크기 비교	
	36단계	몇십의 덧셈과 뺄셈	더 큰 수, 더 작은 수 구하기	[1-2] 1. 100까지의 수 6. 덧셈과 뺄셈(3)
	37단계	몇십몇의 덧셈 ①	더 많은 것을 구하는 덧셈 문장제	
	38단계	몇십몇의 덧셈 ②	모두 구하는 덧셈 문장제	
	39단계	몇십몇의 뺄셈 ①	남은 것을 구하는 뺄셈 문장제	
	40단계	몇십몇의 뺄셈 ②	비교하는 뺄셈 문장제	

차례

1 단계

10까지의 수

1부터 10까지의 수를 학습합니다. 수를 익히는 방법은 다양하지만, 아이들은 직접 만져본 적이 있거나 주변에서 쉽게 볼 수 있는 물건을 예로 들어 학습하는 것이 효과적입니다.

구체물(물건)과 반구체물(◆, ●)의 수를 세면서 연습해 보세요. 수가 손과 입에 딱 붙을 때까지 "일-이-삼-사-오-육-칠-팔-구-십" 또는 "하나-둘-셋-넷-다섯-여섯-일곱-여덟-아홉-열"이라고 말하면서 써 보면 더 좋습니다. 수를 셀 때는 마지막에 센 것이 전체 수라는 것을 알 수 있게 지도해 주세요.

연산 시각화 모델

도미노 모델

주어진 수를 두 부분으로 나누어진 도미노로 표현하는 모델입니다.

앞으로 배우게 될 수의 크기 비교부터 수의 순서, 수 모으기와 가르기, 덧셈과 뺄셈까지 다양하게 활용할 수 있는 수식 모델이므로 눈에 익혀두면 좋습니다.

동수 잇기 모델

수를 나타내는 방법에는 여러 가지가 있습니다. 점으로 나타낼 수도 있고, 물건으로 나타낼 수도 있습니다. 수를 표현하는 다양한 방법을 알고, 구체물이나 반구체물이 나타내는 수를 파악하여 알맞은 숫자와 연결시킬 수 있도록 연습합니다.

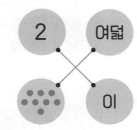

원리 1부터 10까지의 수를 알아볼까요? 스티커

 2가지로 읽어요.

손가락 하나	사과 하나	점 하나	숫자로?	말로?

   ➡ 1 ◀ 일 하나

  스티커 ➡ 2 ◀ 이 둘

  스티커 ➡ 3 ◀ 삼 셋

  스티커 ➡ 4 ◀ 사 넷

  스티커 ➡ 5 ◀ 오 다섯

아이들은 자라면서 수를 자연스럽게 익힙니다. 일상생활 속에서 다양하게 수를 접하기 때문이지요. 수를 셀 때 '일-삼-사-오'와 같이 수를 빠뜨리고 세지 않도록 연습합니다. 또한 '일-삼-이-사-오'처럼 순서를 바꾸거나 '일-이-이-삼-사'와 같이 중복하는 경우에 주의하세요.

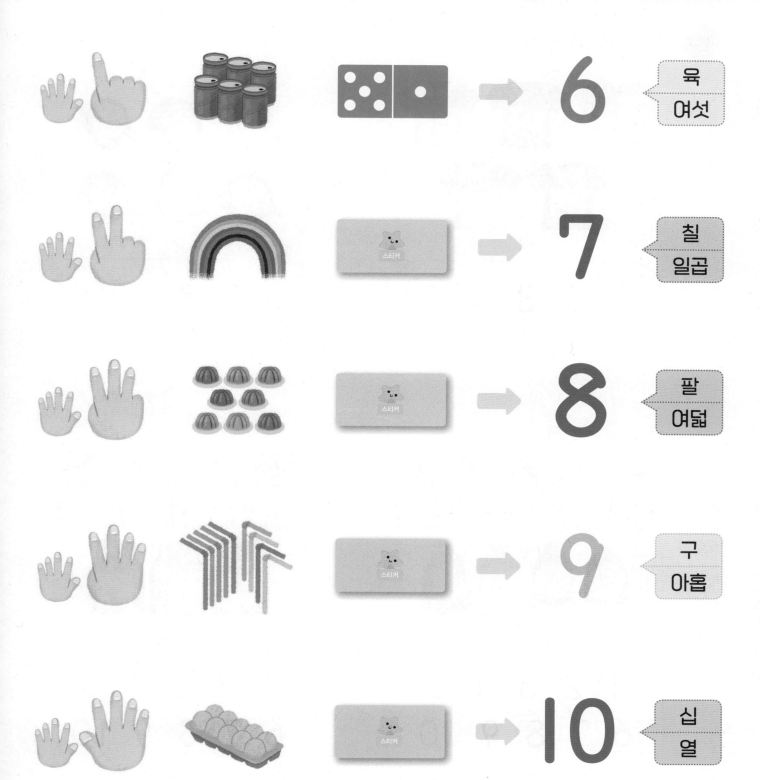

6 ← 육 / 여섯

7 ← 칠 / 일곱

8 ← 팔 / 여덟

9 ← 구 / 아홉

10 ← 십 / 열

스티커

10까지의 수
수 세기

원리 수를 세어 알맞은 수에 ◯표 하세요.

모양 위에 수를 쓰면서 세어 보자!

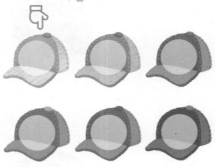

1 2 3 4 ⑤

6 7 8 9 10

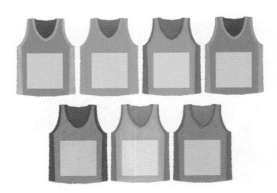

1 2 3 4 5
6 7 8 9 10

1 2 3 4 5
6 7 8 9 10

흩어져 있는 물건이나 모양을 셀 때 순서를 정하는 것은 쉽지 않습니다. 순서에 상관없이 수를 세어도 되지만 중복하여 세거나 빠뜨리고 세지 않도록 주의해야 합니다. 물건이나 모양마다 수를 쓰거나 표시를 하면서 수를 세어 보세요.

 적용 수를 세어 ☐ 안에 알맞은 수를 쓰세요.

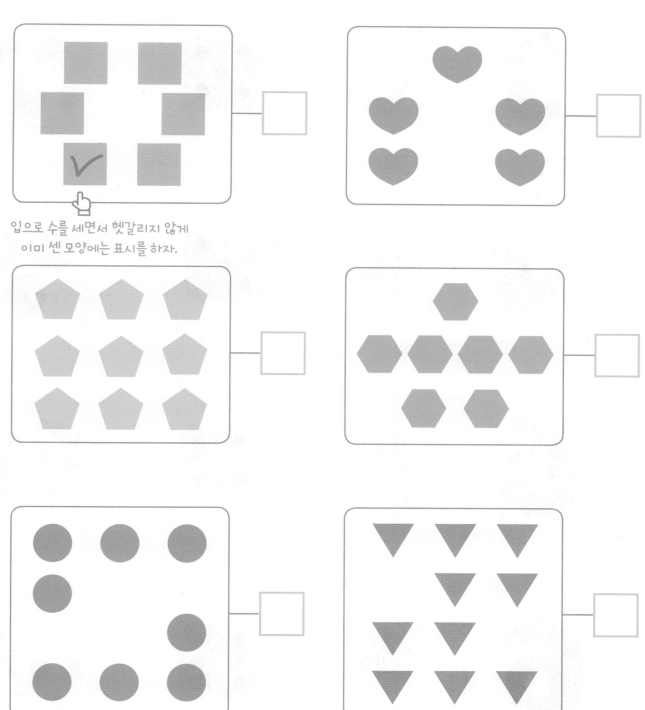

입으로 수를 세면서 헷갈리지 않게
이미 센 모양에는 표시를 하자.

원리 같은 수를 나타내는 것끼리 선으로 이으세요.

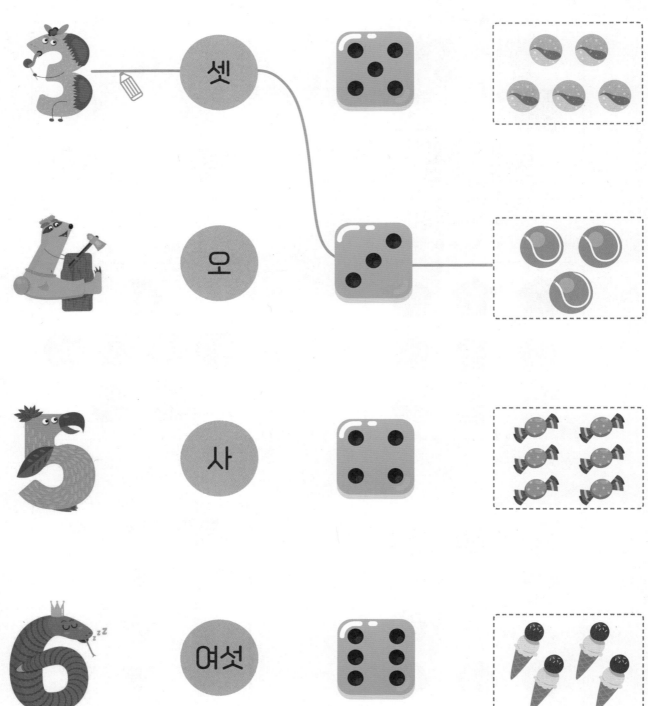

적용 같은 수를 나타내는 것끼리 선으로 이으세요.

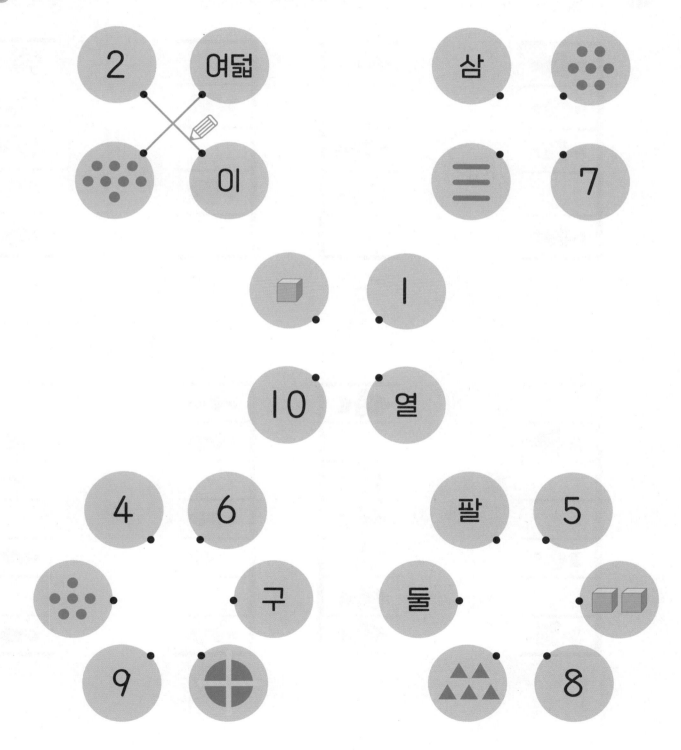

 많이 먹는 악어가 다가오고 있어요. ☐ 안에 물고기의 수를 세어 쓰고, 더 많은 쪽으로 악어 입이 벌어지도록 스티커를 붙이세요.

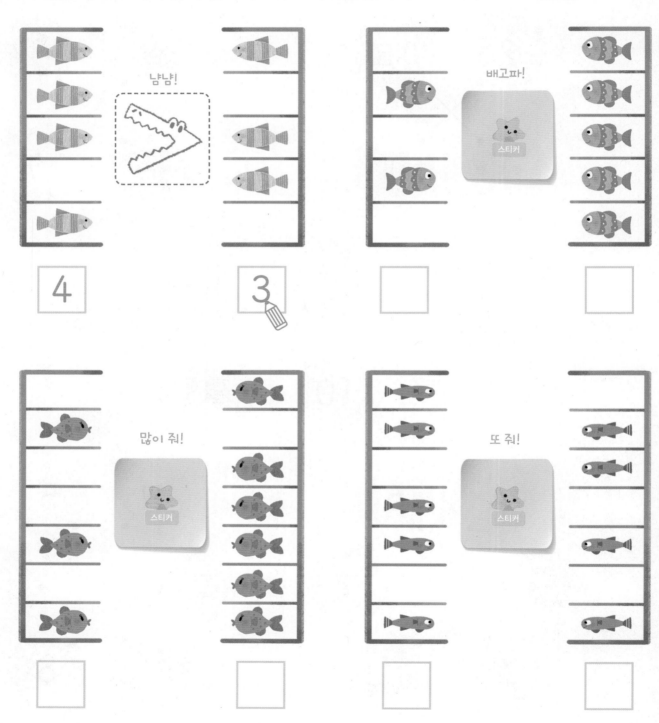

"악어는 더 큰 수가 있는 쪽으로 입을 벌릴 거야."라고 말하면서 >, < 기호를 연습합니다.
1학년에서 부등호라는 용어는 아직 배우지 않으므로 크고 작은 것을 나타내는 >, < 기호를 그림처럼 익힐
수 있도록 도와주세요.

적용 ◯ 안에 더 큰 수 쪽으로 입을 벌린 악어를 그리세요.

4  7   8  6

악어 입은 그리기 어려우니까
간단하게 >, < 로 나타내자.

3 ◯ 2   1 ◯ 9

5 ◯ 10   6 ◯ 4

1 ◯ 3   2 ◯ 1

9 ◯ 8   7 ◯ 5

그림을 보고 ❶ 수의 크기를 비교하는 문장을 완성하고 ➡ ❷ 기호로 나타내세요.

잠깐! 물건을 비교할 때는 '많습니다', '적습니다'라고 말하고,
수를 비교할 때는 '큽니다', '작습니다'라고 말해요.

사과 가 수박 보다 **많습니다.**

↓　　↓

문장 **6** 이 **3** 보다 <u>큽니다.</u>

답 6 **>** 3

큰 수 쪽으로
입을 벌려!

앞에서 배운 수의 크기를 비교하는 기호를 읽는 방법과 말로 해석하는 연습을 해 봅니다. 수박 1개의 크기가 사과 1개의 크기보다 크다고 해서 수박의 수가 더 많은 것으로 생각하면 안 됩니다. 각각의 수를 세고, 그 수의 크기를 비교해야 하는 것에 주의하세요.

그림을 보고 ❶ 알맞은 말에 ◯표 하고 ➡ ❷ 기호로 나타내세요.

문장 ▶ **8**이 **5**보다 (큽니다 , 작습니다).

답 ▶ 8 ◯ 5

둘 중 맞는 말에
동그라미를 그려!

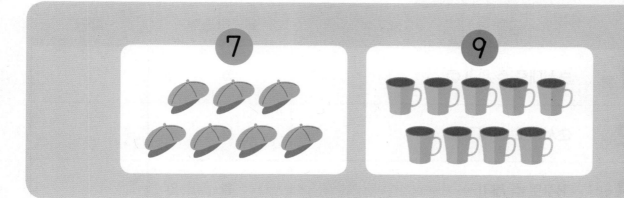

문장 ▶ **7**이 **9**보다 (큽니다 , 작습니다).

답 ▶ 7 ◯ 9

2
단계

수의 순서

이 단계에서는 10까지의 수를 처음부터 차례대로 세는 것에서 더 나아가 중간부터 세기, 거꾸로 세기를 하면서 수의 순서를 충분히 이해할 수 있도록 훈련합니다. 특히 놀이공원에서 줄 서기, 영화관이나 은행의 번호표 뽑기, 카드 놀이 등 실생활에서 순서가 있는 상황을 예로 들면서 아이가 수 계열을 이해할 수 있도록 돕습니다.

연산 시각화 모델

연속 수 띠 모델

1부터 10까지 수의 순서를 잘 익혔는지 확인하고, 시작점이 달라져도 수를 순서대로 셀 수 있도록 연습합니다. 수의 순서를 생각하면서 빈 곳을 채우거나 중간부터 세는 연습은 수 계열을 직관적으로 파악할 수 있는 기초가 됩니다. 중간에서부터 세거나 거꾸로 세는 문제에서 수의 순서를 잘 살펴보고 생각하며 빈칸에 숫자를 쓰도록 합니다.

| 1 | 2 | 3 | 4 | 5 | 6 | 7 | 8 | 9 | 10 |

 워터슬라이드는 뽑은 번호표에 적힌 수의 순서대로 타요. 어떻게 줄을 서면 좋을까요?

번호표에 적힌 수가 1인 친구부터 차례대로 줄을 서세요!

◯ 안에 수를 1부터 순서대로 쓰고, 친구들을 번호표에 맞추어 줄을 세워 보세요.

(1)─( )─( )─(4)─( )─( )─( )─(8)─( )

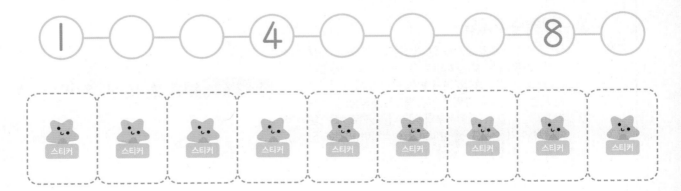

지도가이드

1부터 차례대로 수를 세는 활동입니다.
수의 순서를 상황과 연결지어 연습하면 아이가 쉽게 이해할 수 있습니다. 생활 속에서 줄을 서는 상황을 직접 경험해 보게 하고, 수 카드를 순서대로 배열하는 활동을 해 보세요.

 활동 점을 1부터 차례로 이어서 그림을 완성하세요.

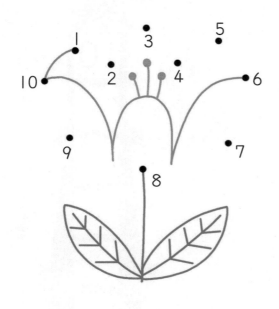

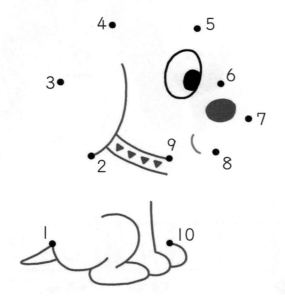

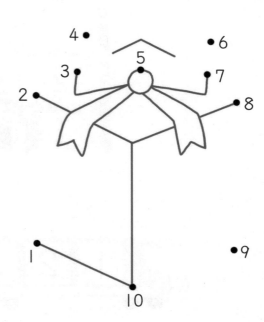

순서대로 수 세기 ②

 수를 소리내어 말하면서 빈 곳에 알맞은 수를 쓰세요.

지도가이드

아이들은 30이나 5처럼 수를 중간부터 세는 것을 어려워할 수 있습니다. 이럴 때는 1일차 학습으로 되돌아가 1부터 10까지의 수를 순서대로 세는 것에 익숙해지도록 연습해 봅니다. 그런 다음 아이와 함께 수를 순서대로 주고 받으면서 이어 말해 보세요.

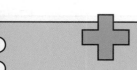

적용 |부터 시작하지 않아도 수를 셀 수 있어요. 빈칸에 알맞은 수를 쓰세요.

| 1 | 2 | 3 | 4 | 5 | 6 | 7 | 8 | 9 | 10 |

| 3 | 4 | 5 | 6 | 7 |

| 1 | 2 | | 4 | 5 |

| 4 | | 6 | 7 | 8 |

| 6 | 7 | 8 | | 10 |

| | 3 | 4 | 5 | 6 |

| 5 | | 7 | 8 | 9 |

| 6 | 7 | 8 | 9 | |

| 2 | 3 | | 5 | 6 |

| 1 | 2 | 3 | | 5 |

| | 6 | 7 | 8 | 9 |

 원리 수를 거꾸로 세어 볼까요? 빈칸에 알맞은 수를 쓰세요.

로켓 발사 준비!

쭉쭉 내려간다~.

적용 수를 거꾸로 세어요. 소리내어 읽으면서 빈칸에 알맞은 수를 쓰세요.

5	4	3	2	1

 오 사 삼 이 일

6		4	3	2	

8	7			4	3		1

9	8		6	5			2	1

10		8	7	6			3	2	1

	9	8	7			4	3		

 원리 아무것도 없는 것은 수로 어떻게 나타낼까요?

달팽이는 집이 하나, 눈이 두 개야.
그런데 다리는 **없어!**

과자를 다 먹어서
과자 봉지가 텅텅 비었어!

세탁소 아저씨는 머리카락이
하나도 **없어!**

아무것도 없는 것을 0이라 쓰고, 영이라고 읽어요.

영

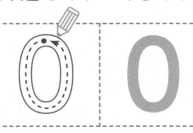

동그랗게 쓰자. 가운데가 텅 빈 훌라후프처럼!

지도가이드

일상생활에서 0의 개념을 알 수 있는 경우를 이야기해 보세요. 숫자 0을 사용하는 상황보다는 '아무것도 없는'의 의미로 이해할 수 있도록 음식을 다 먹었을 때, 놀이터에 친구가 한 명도 없을 때와 같이 주변의 다양한 경우를 예로 들어주세요.

적용 수를 세어 ◯ 안에 알맞은 수를 쓰세요.

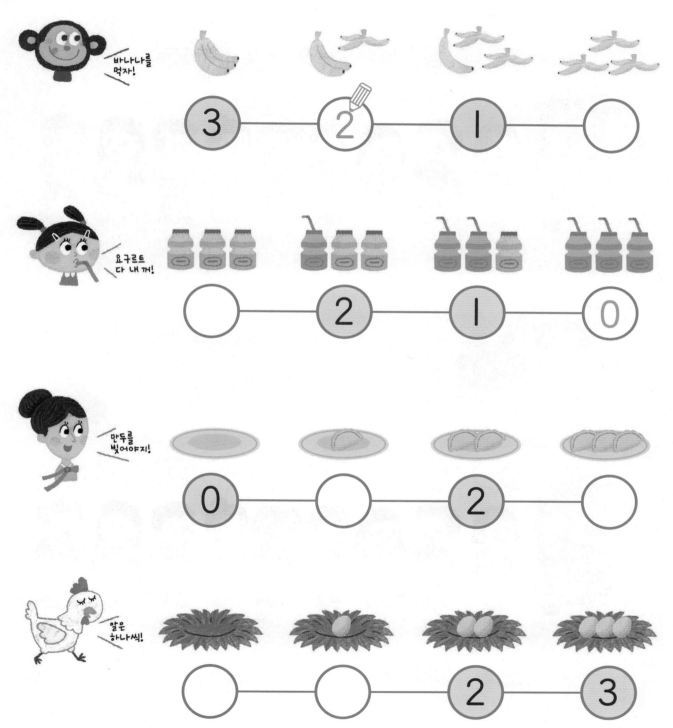

순서를 나타내는 표현 익히기

앞에서부터 ❶ 순서에 맞게 수를 쓰고 ➡ ❷ 답을 구하세요.

앞에서부터 일곱째에 서 있는 친구는 누구일까요?

수연　지혁　경주　민결　나현　정원　규환　은혜　도현

잠깐! 순서를 나타낼 때는 수 뒤에 '째'를 붙여서 말해요.
처음만 빼고요! 수는 하나, 둘, 셋……으로 세지만
처음에는 하나째가 아니라 첫째라고 써야 해요.

순서

첫째　둘째　셋째　넷째　다섯째　여섯째　일곱째　여덟째　아홉째

1　2　3

수연　지혁　경주　민결　나현　정원　규환　은혜　도현

답 ▶ 일곱째는 ＿＿＿＿＿ 입니다.
이름

개수를 나타내는 '넷'과 순서를 나타내는 '넷째'는 그 의미가 다릅니다. 넷은 수량 4개를 나타내고, 넷째는 기준으로부터 4번째로 놓여 있는 1개만을 나타낸다는 것을 비교해서 알려 주세요.

기준에 맞게 ❶ 순서를 세어 ➡ ❷ 답을 구하세요.

결승선을 향해 셋째로 달리고 있는 친구는 누구일까요?

소영   승준   진우   서훈   민정   다은

결승선

첫째

답 ▶ 셋째는 _____ 입니다.
이름

왼쪽에서 여섯째에 있는 가게에서는 무엇을 팔고 있을까요?

왼쪽 주스   빵   고기   연필   과일   과자   책   오른쪽 옷

답 ▶ 여섯째 가게에서는 _____ 를 팔아요.

3 단계

수직선

수직선에 대해 학습하는 단계입니다. 수직선은 수 계열과 연산을 이해하기에 효과적인 모델이고, 앞으로도 수학을 공부하면서 계속 등장합니다.

초등학교 1학년 때는 수직선에서 수의 순서를 확인하고, 수의 위치로 수의 크기를 한눈에 알아보는 학습을 합니다. 수직선에서 한 칸씩 앞으로, 뒤로 뛰어 세면 덧셈과 뺄셈의 기본적인 개념을 쉽게 이해할 수 있습니다.

연산 시각화 모델

수직선 모델

화살표의 방향은 +, −를, 뛰어 세는 칸 수는 수의 크기를 나타냅니다. 개념이 낯설 수 있지만 "개구리가 몇 칸을 뛰었을까?" 또는 "징검다리를 하나씩 뛰어서 건너 보자."와 같이 구체적인 상황으로 수직선에 익숙해지도록 연습합니다.

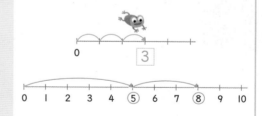

5단위 수직선 모델

수직선에 0, 5, 10 눈금에만 숫자가 있고, 다른 눈금에는 숫자가 없는 모델입니다. 수를 수직선에 표시할 때 5를 기준으로 5보다 큰지 작은지를 먼저 판단한 후, 수의 위치를 파악할 수 있게 합니다.

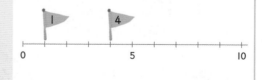

수직선
수직선 알기

원리 동물들의 발자국 위에 수를 1부터 순서대로 쓰세요.

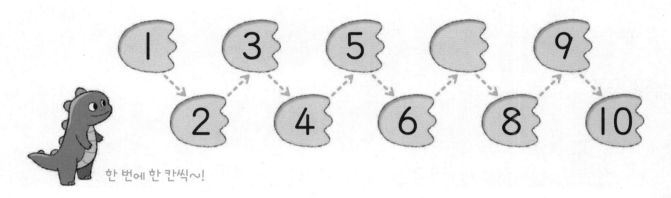

한 번에 한 칸씩~!

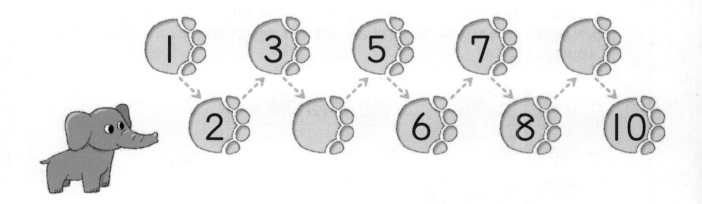

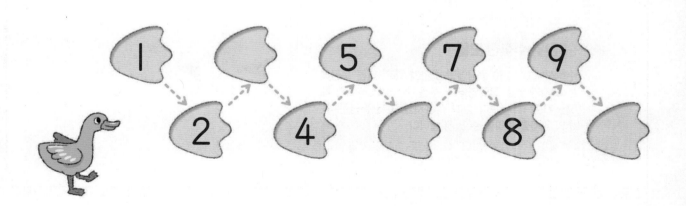

수직선은 기준점인 0에서 한 칸 뛰면 1, 두 칸 뛰면 2, 세 칸 뛰면 3……으로 나타냅니다.
수의 순서와 크기를 알아볼 때 머릿속으로 수직선을 떠올리거나 직접 그려 보면 실수하지 않고 정확하게 해결할 수 있습니다.

적용 수직선을 보고 ☐ 안에 알맞은 수를 쓰세요.

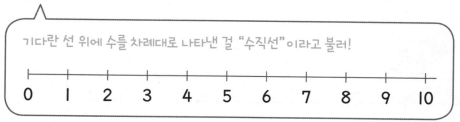

기다란 선 위에 수를 차례대로 나타낸 걸 "수직선"이라고 불러!

0 1 2 3 4 5 6 7 8 9 10

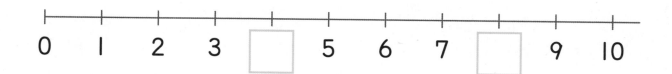

0 1 2 3 ☐ 5 6 7 ☐ 9 10

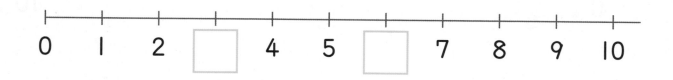

0 1 2 ☐ 4 5 ☐ 7 8 9 10

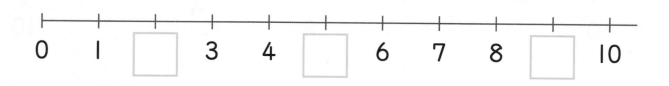

0 1 ☐ 3 4 ☐ 6 7 8 ☐ 10

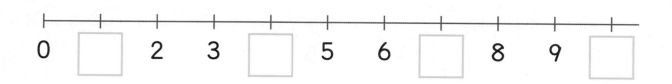

0 ☐ 2 3 ☐ 5 6 ☐ 8 9 ☐

수직선에서 수의 위치

원리 개구리는 한 번에 한 칸씩 모두 몇 칸을 뛰었을까요? ☐ 안에 알맞은 수를 쓰세요.

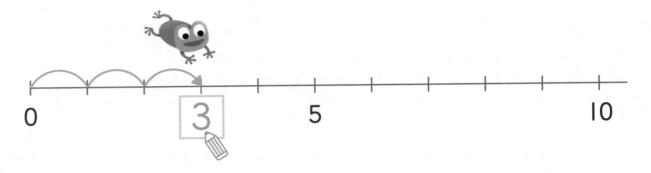

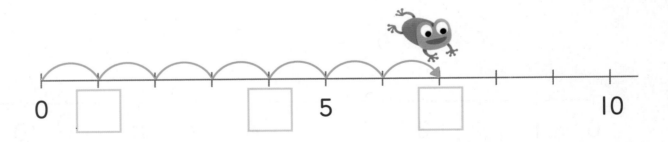

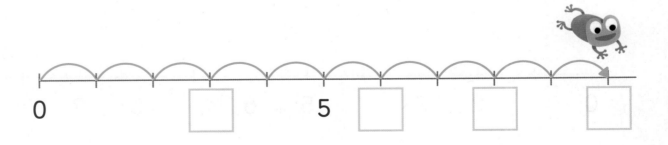

적용 깃발의 알맞은 위치를 찾아서 수직선 위에 그리세요.

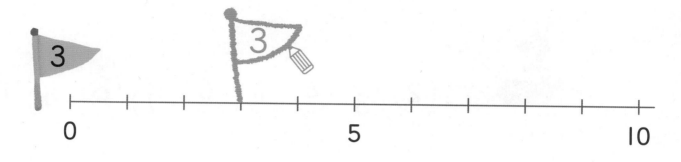

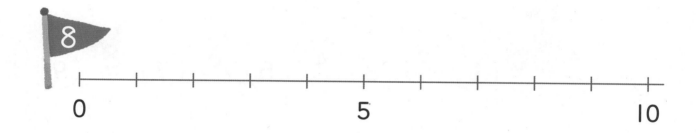

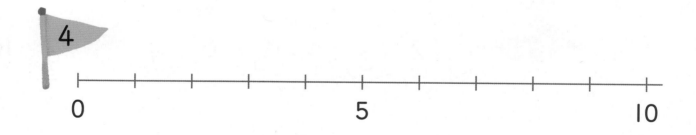

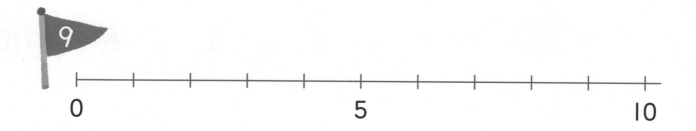

수직선
수직선에서 뛰어 세기

원리 캥거루가 8까지 뛰어요. 한 번에 몇 칸씩 뛰었을까요? ☐ 안에 알맞은 수를 쓰세요.

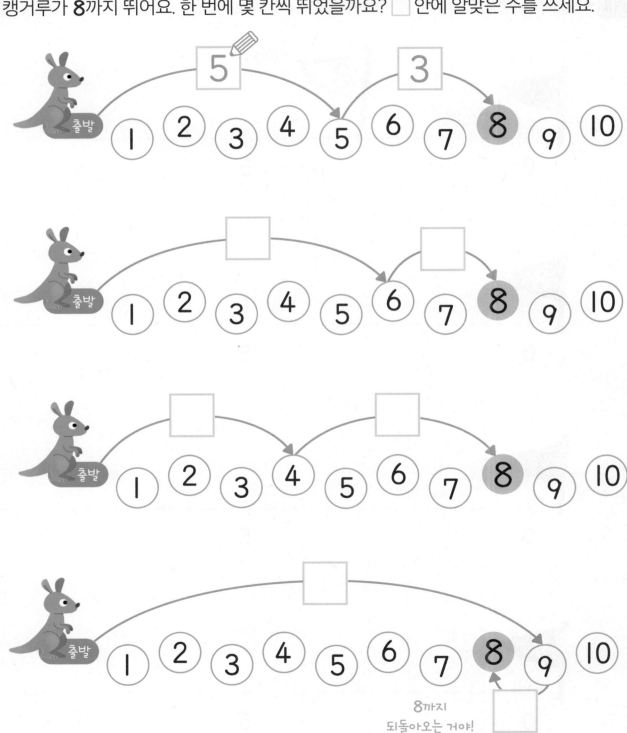

8까지
되돌아오는 거야!

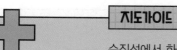
지도가이드

수직선에서 화살표가 오른쪽으로 움직이는 것은 덧셈, 왼쪽으로 움직이는 것은 뺄셈을 나타냅니다. 주어진
수까지 여러 가지 방법으로 뛰어 세면서 덧셈과 뺄셈의 기본 개념을 익힐 수 있습니다.
한 번에 한 칸씩 5번 뛰어 세는 것과 한꺼번에 5칸을 뛰어 세는 것은 그 결과가 서로 같다는 것을 알려 주세요.

 적용 수직선을 보고 ☐ 안에 알맞은 수를 쓰세요.

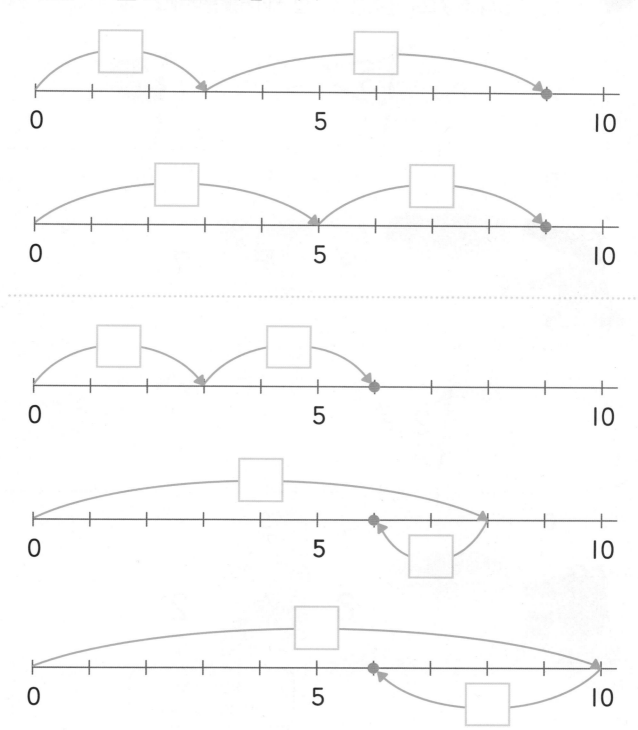

수직선에서 오른쪽에 있는 깃발을 찾아 색칠하고,
색칠한 깃발의 수 쪽으로 벌어진 악어 입 스티커를 붙이세요.

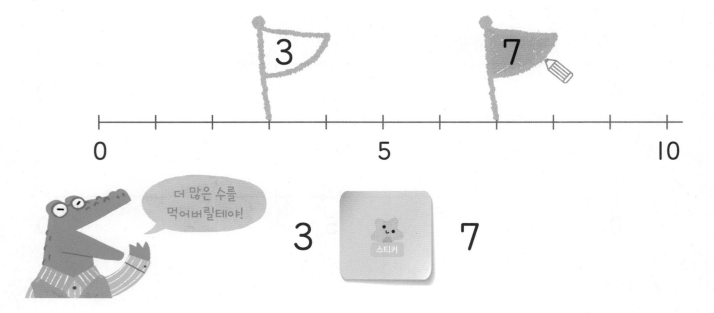

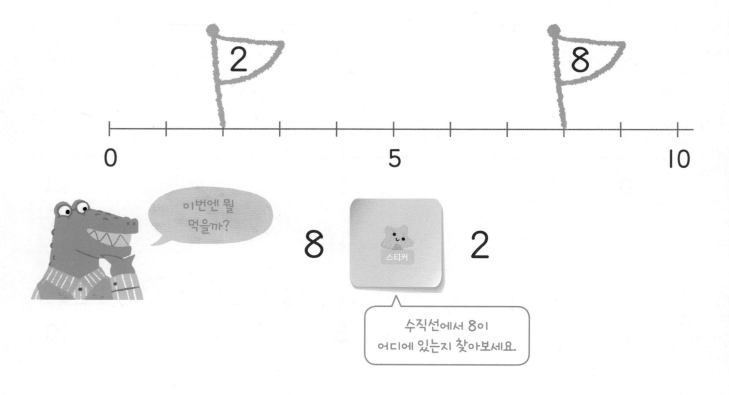

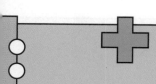
지도가이드

수직선에서 0, 5, 10만 쓰인 5단위 수직선 모델을 이용하여 수의 위치에 익숙해지도록 연습합니다. 가운데 수인 5를 기준으로 앞일지 뒤일지 대략적인 위치를 먼저 살펴볼 수 있도록 도와주세요. 5를 기준으로 한 자리 수의 크기를 파악하는 데 익숙해지면 수직선 없이 수의 크기를 비교하는 데 도움이 됩니다.

적용 수직선에서 수의 위치를 찾고, ◯ 안에 더 큰 수 쪽으로 >, <를 그리세요.

간단하게 >, <로 나타내기
↓

1  6

3 ◯ 5

7 ◯ 9

4 ◯ 2

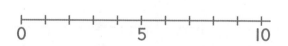

10 ◯ 4

6 ◯ 9

❶ 수직선에 수를 나타내고 ➡ ❷ 답을 구하세요.

가장 큰 수는 무엇일까요?

| 2 | 6 | 9 |

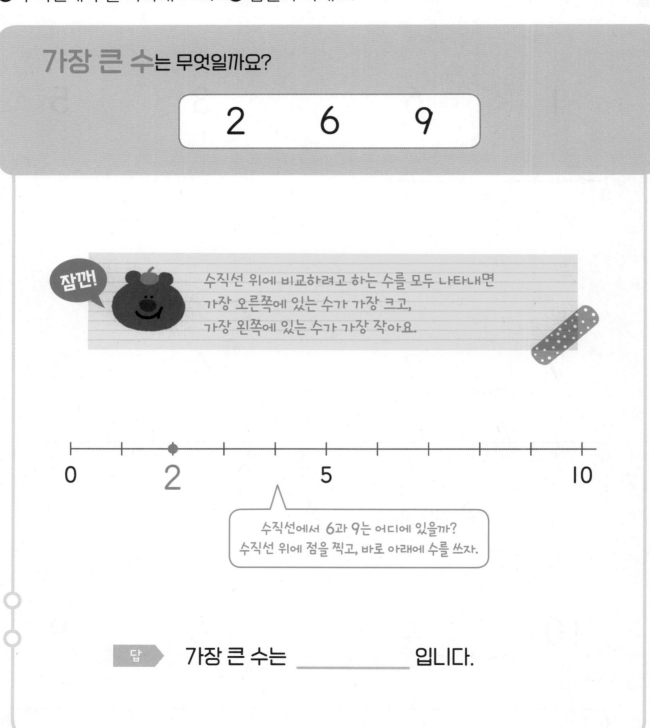

잠깐!

수직선 위에 비교하려고 하는 수를 모두 나타내면
가장 오른쪽에 있는 수가 가장 크고,
가장 왼쪽에 있는 수가 가장 작아요.

```
0        2            5                      10
```

수직선에서 6과 9는 어디에 있을까?
수직선 위에 점을 찍고, 바로 아래에 수를 쓰자.

답 가장 큰 수는 _____ 입니다.

❶ 수직선에 수를 나타내고 ➡ ❷ 답을 구하세요.

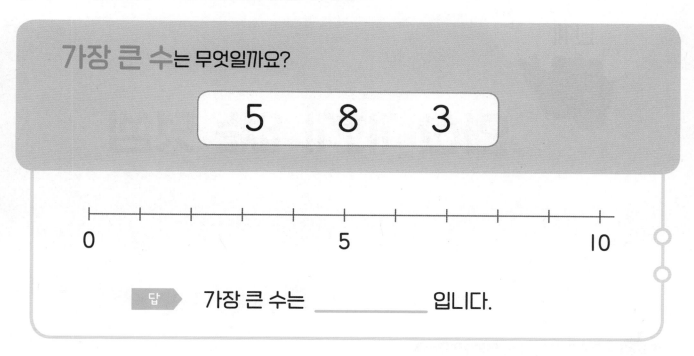

가장 큰 수는 무엇일까요?

| 5 | 8 | 3 |

답 ▶ 가장 큰 수는 _____ 입니다.

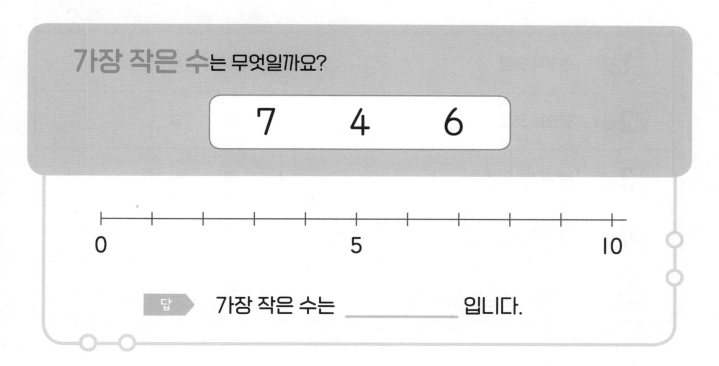

가장 작은 수는 무엇일까요?

| 7 | 4 | 6 |

답 ▶ 가장 작은 수는 _____ 입니다.

4 단계

연산 기호가 없는 덧셈

덧셈과 뺄셈은 수 세기부터 시작합니다.

'1, 2, 3……'으로 수를 순서대로 세는 것은 수를 1씩 차례로 더하는 것과 같으므로 3+2는 3에서 2만큼 더 이어서 세는 것과 같습니다. 따라서 6을 5와 1, 4와 2로 나누어 세면서 수를 구조적으로 파악하는 훈련은 앞으로 배우게 될 연산 학습에 도움이 됩니다.

이 단계에서는 구조적인 수 세기 훈련을 통해 수량 감각을 키우고, 덧셈의 기초 개념을 잡으세요.

연산 시각화 모델

5+5 손가락 모델

손가락은 우리가 사용할 수 있는 좋은 교구입니다. 한 손의 손가락이 '5개'임을 이용하여 '5단위 수량 파악하기' 훈련을 할 수 있습니다.

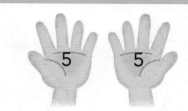

수 구슬 가합 모델

수량을 직관적으로 파악할 수 있는 수 구슬 모델입니다. 2권에서 배우게 될 수 가지 수식에서 답을 구할 때 효과적으로 적용할 수 있습니다. 수량을 그림으로 나타내면 복잡한 문제를 간단하게 정리할 수 있어 이해가 잘 됩니다.

도트 가합기

수 모으기를 기계 형태로 형상화한 모델입니다. 2권에서 배우게 될 수 가지 수식과 구조적으로 같으므로 그 원리를 이해하는 데 효과적입니다.

일

손가락 덧셈

연산 기호가 없는 덧셈

 원리 손가락에 꽂은 고깔 과자는 몇 개일까요?
쟁반 위에 고깔 과자를 붙이면서 수를 알아보세요.

 스티커

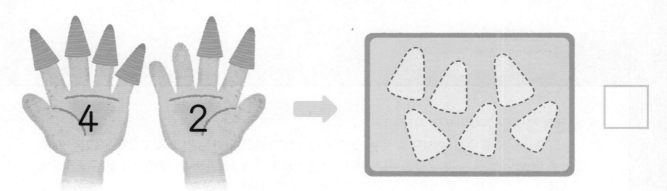

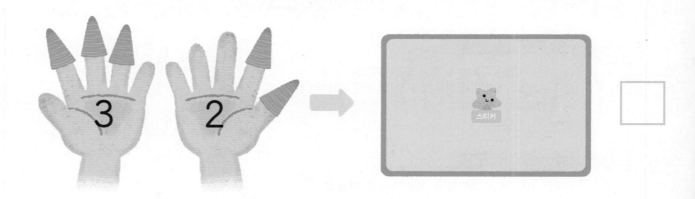

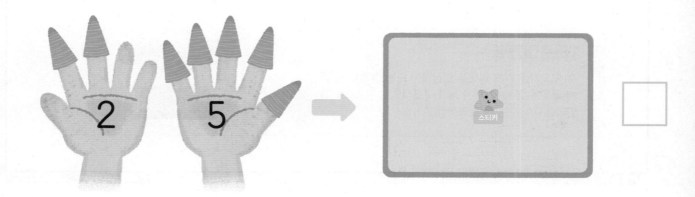

우리 몸에 있는 손가락을 이용하여 수를 세어 봅니다.
두 손에 나누어진 수를 하나씩 세지 않고 구조적으로 파악하여 세는 연습을 하면 덧셈 상황을 자연스럽게 익힐 수 있습니다.

적용 펼친 손가락은 모두 몇 개일까요? 펭귄이 들고 있는 ☐ 안에 알맞은 수를 쓰세요.

연산 기호가 없는 덧셈
모으는 덧셈

원리 두 봉지의 사탕을 모두 모으면 몇 개일까요? 스티커를 붙이고 수를 쓰세요.

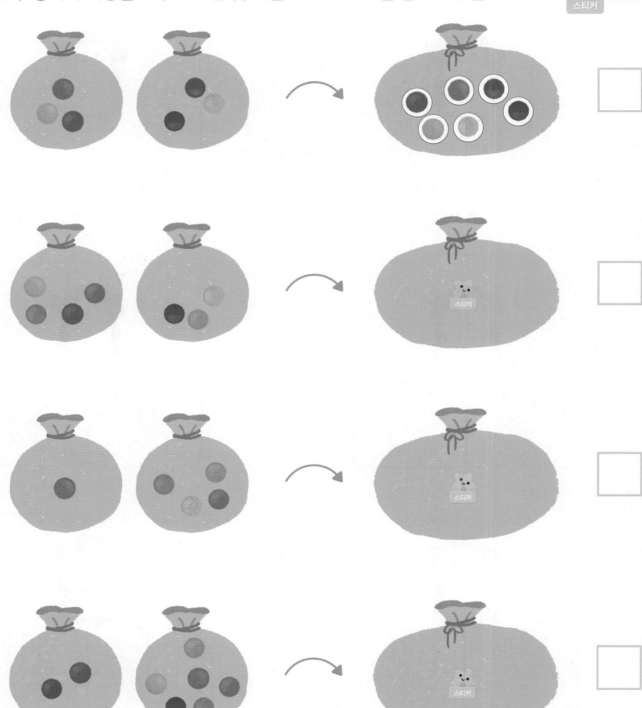

지도가이드

나뭇가지 모양의 모으기 모델을 통해 양쪽의 수를 각각 센 후 하나로 모으는 연습입니다. 모으기를 기계 형태로 형상화한 모델을 이용하면 쉽게 이해할 수 있습니다. "위의 두 칸에 넣은 공이 또르르 굴러서 아래 칸에서 모이는 거야. 공이 모두 몇 개가 될까?"라고 도트 가합기 모델을 설명해 주세요.

적용 위의 두 칸에 공을 넣으면 아래 칸에서 모여요. 빈 곳에 알맞은 수를 쓰세요.

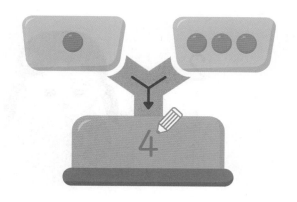

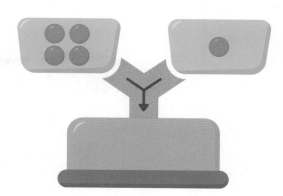

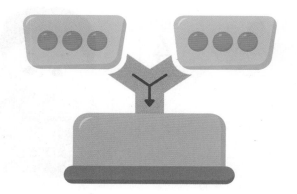

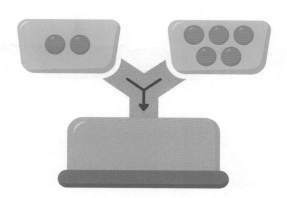

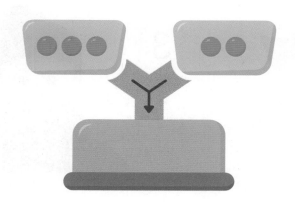

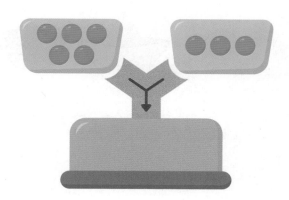

3일 연산 기호가 없는 덧셈
늘어나는 덧셈

 원리 종이배를 2개 더 접었어요.
종이배 스티커를 더 붙이고, 모두 몇 개인지 수를 쓰세요.

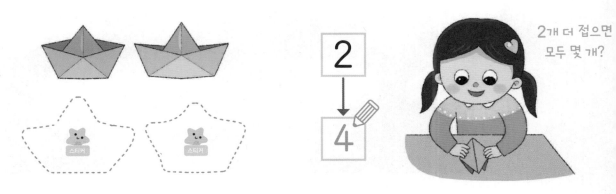

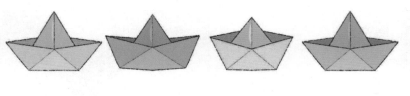

스티커 2개를 더 붙여 봐!

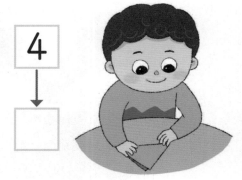

스티커 2개를 더 붙여 봐!

지도가이드

수를 더하는 것은 원래 있던 수에 더하는 수만큼 이어 세는 것과 같습니다. 덧셈 기호(+)를 배우거나 '더하기'라는 말을 배우지는 않았지만 수가 늘어나는 상황은 생활 속에서 자주 접할 수 있는 덧셈 개념입니다. 구체물을 활용하면 다양한 덧셈 상황을 이해할 수 있습니다.

적용 구슬을 1개 더 그리면 구슬은 모두 몇 개일까요?

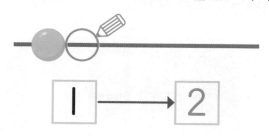

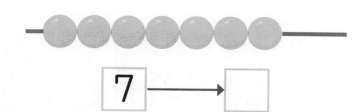

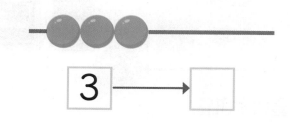

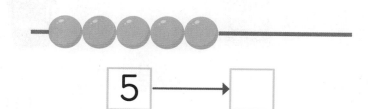

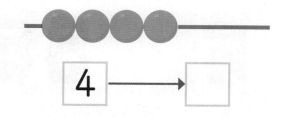

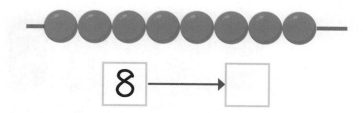

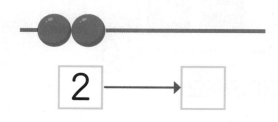

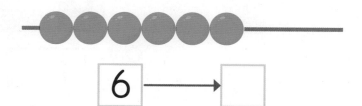

4일

늘어난 수 찾기

원리 주차장에 자동차가 몇 대 더 들어와서 모두 **6**대가 되었어요.
더 들어온 자동차에 ○표 하고, 몇 대 더 들어왔는지 수를 쓰세요.

4 ⟶ 6

2 대 더 들어왔어요.

3 ⟶ 6

☐ 대 더 들어왔어요.

지도가이드

늘어난 수가 몇인지 추론하는 문제입니다.
결과를 보고 몇이 늘어났는지 찾아야 하므로 아이가 가지고 있는 장난감이나 블록 등의 구체물을 활용하여
상황을 만들고 연습하는 것도 좋습니다.

적용 과일이 **7**개가 될 때까지 ◯를 더 그리고, 더 그린 ◯의 수를 쓰세요.

이미 4개 있어!

3 개 더 그렸어요.

☐ 개 더 그렸어요.

☐ 개 더 그렸어요.

☐ 개 더 그렸어요.

☐ 개 더 그렸어요.

☐ 개 더 그렸어요.

문장을 잘 읽고 ❶ 수를 그림으로 나타내고 ➡ ❷ 답을 구하세요.

화단에 꽃이 **2**송이 피어 있었는데

오늘 **l** 송이 더 피었습니다.

화단에 피어 있는 꽃은 모두 몇 송이일까요?

꽃을 한번에 그리는 건 어려울 수 있으니까
○나 □, /처럼 그리기 쉬운 걸로 수를 표현하세요.

처음에 피어 있던 꽃	오늘 더 핀 꽃
○ ○	○

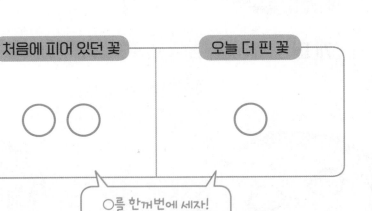

○를 한꺼번에 세자!

답 ▶ 꽃은 모두 _____ 송이입니다.

문장을 잘 읽고 ❶ 수를 그림으로 나타내고 ➡ ❷ 답을 구하세요.

수영장에 어린이가 **4**명 있었는데 어린이 **❘**명이 더 왔습니다.
수영장에 있는 어린이는 모두 몇 명일까요?

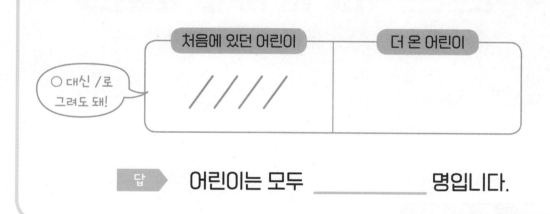

처음에 있던 어린이	더 온 어린이
////	

○대신 /로 그려도 돼!

답 ▶ 어린이는 모두 _____ 명입니다.

어항에 물고기가 **5**마리 있었는데 오늘 물고기 **2**마리를 더 넣었어요.
어항에 있는 물고기는 모두 몇 마리일까요?

처음에 있던 물고기	더 넣은 물고기

답 ▶ 물고기는 모두 _____ 마리입니다.

5 단계

단계

연산 기호가 없는 뺄셈

4단계의 연산 기호가 없는 덧셈에 이어 이번 단계에서는 연산 기호가 없는 뺄셈을 학습합니다.
두 물건을 하나씩 짝지어 보고 남은 것의 수를 세거나 한 수를 둘로 가르는 훈련은 뺄셈의 기초 개념이 됩니다. 다양한 수식 모델로 수를 비교하고 가르고 지우면서 수를 구조적으로 파악하는 감각을 키우고, 기호로 나타내는 뺄셈식을 배우기 전에 먼저 뺄셈의 상황을 충분히 이해할 수 있도록 도와주세요.

연산 시각화 모델

짝짓기 모델

두 묶음의 수를 비교하는 방법입니다. 서로 짝이 되는 것끼리 선으로 연결하면 무엇이 얼마나 남는지를 파악하기 쉽습니다. 뺄셈의 기초가 되는 개념이므로 상황을 이해하면서 문제를 해결할 수 있게 연습하세요.

도트 분배기 모델

수 가르기를 기계 형태로 형상화한 모델입니다. 2권에서 배우게 될 수 가지 수식과 구조적으로 같으므로 그 원리를 이해하는 데 효과적입니다.

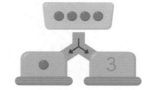

연산 기호가 없는 뺄셈
비교하는 뺄셈

원리 새집이 몇 개 남을까요? 하나씩 짝을 지어 보고, ☐ 안에 알맞은 수를 쓰세요.

새집이 3 개 남아요.

우리 집은 어디?

새집이 ☐ 개 남아요.

하나씩 짝을 짓고 남는 것의 수를 세는 일대일대응은 뺄셈의 기초가 되는 학습입니다. 윗옷과 아래옷, 검은 색 바둑돌과 흰색 바둑돌, 반찬통과 뚜껑처럼 일상생활 속에서 쉽게 찾을 수 있는 다양한 예를 들면서 연습 해 보세요.

적용 ●는 ▲보다 몇 개 더 많을까요? 하나씩 짝지어 ☐ 안에 알맞은 수를 쓰세요.

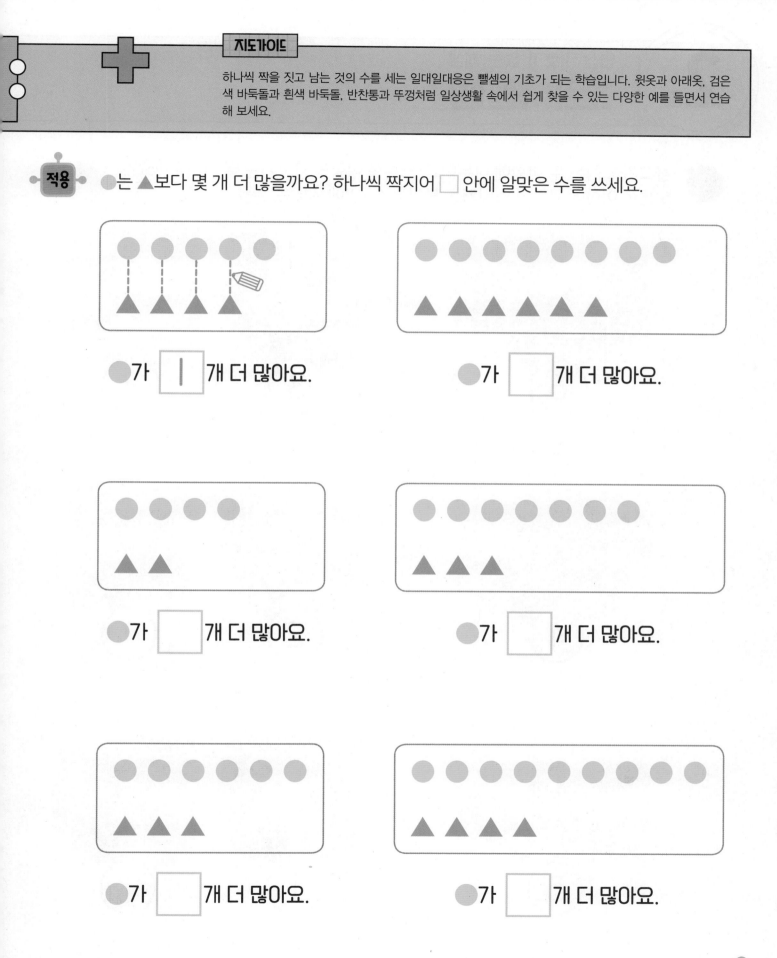

●가 ☐ 1 ☐ 개 더 많아요.

●가 ☐ 개 더 많아요.

●가 ☐ 개 더 많아요.

●가 ☐ 개 더 많아요.

●가 ☐ 개 더 많아요.

●가 ☐ 개 더 많아요.

2일

연산 기호가 없는 뺄셈

가르는 뺄셈

 물고기를 작은 두 어항에 나누어요. 오른쪽 어항의 물고기는 몇 마리일까요?
오른쪽 어항에 물고기 스티커를 붙이고, ◯ 안에 알맞은 수를 쓰세요.

스티커

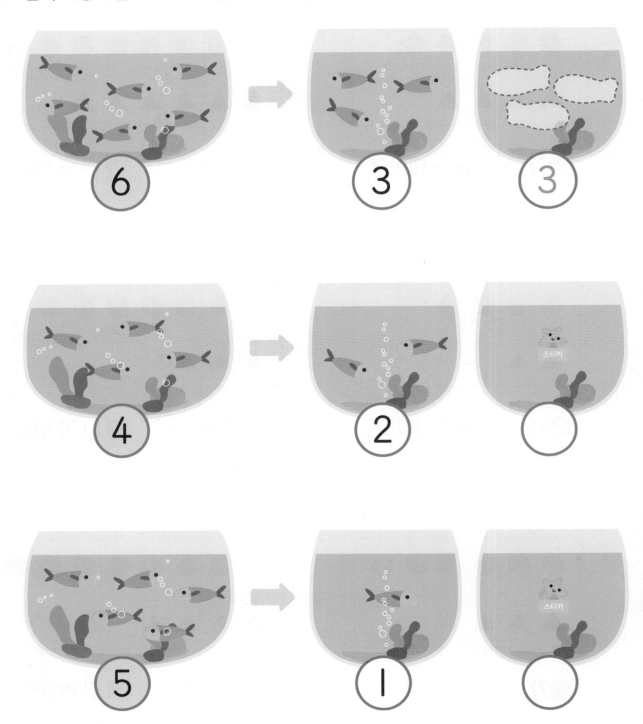

지도가이드

한 수를 둘로 가르는 연습은 뺄셈을 배우기 전에 필요한 연습입니다. 수 가르기를 기계 형태로 형상화한 모델을 이용하면 쉽게 이해할 수 있습니다. "위 칸의 공이 또르르 굴러서 아래 두 칸으로 나뉘는 거야. 오른쪽(또는 왼쪽) 칸에는 공이 몇 개 떨어질까?"라고 도트 분배기 모델을 설명해 주세요.

적용 위 칸에 공을 넣으면 아래 두 칸으로 나뉘어요. 빈 곳에 알맞은 수를 쓰세요.

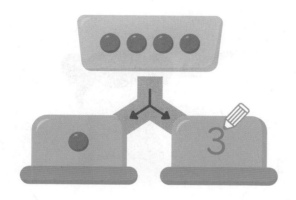

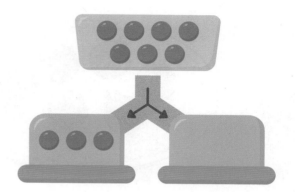

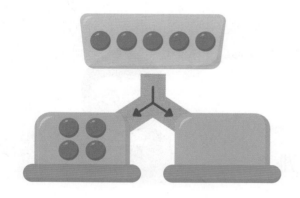

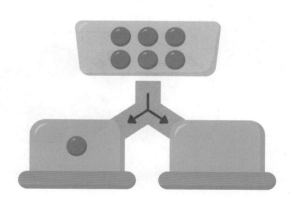

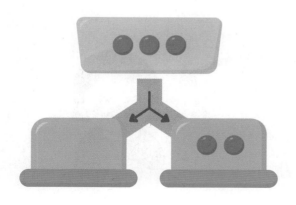

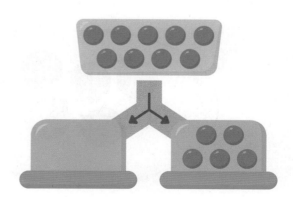

3일 연산 기호가 없는 뺄셈
줄어드는 뺄셈

 토마토 2개를 먹었어요. 먹은 토마토를 /으로 지우고 남은 토마토의 수를 쓰세요.

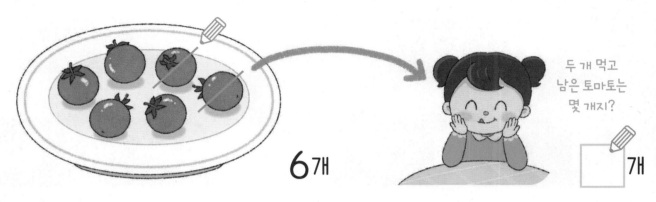

6개

두 개 먹고
남은 토마토는
몇 개지?

☐ 개

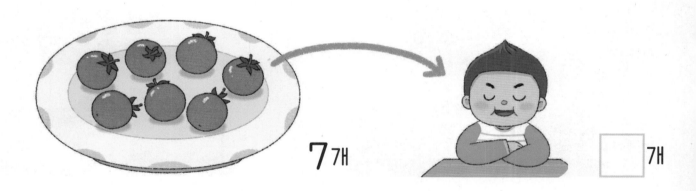

7개

☐ 개

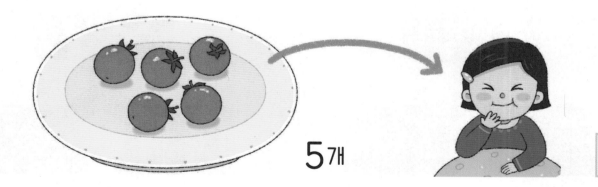

5개

☐ 개

지도가이드

수를 지우는 것은 원래 있던 수에서 빼는 수만큼 거꾸로 이어 세는 것과 같습니다. 뺄셈 기호(−)를 배우거나 '빼기'라는 말을 배우지는 않았지만 수가 줄어드는 상황은 생활 속에서 자주 접하게 됩니다. 구체물을 활용하여 다양한 뺄셈 상황을 이해할 수 있도록 도와주세요.

적용 케이크의 초를 1개 지우면 남은 초는 몇 개일까요?

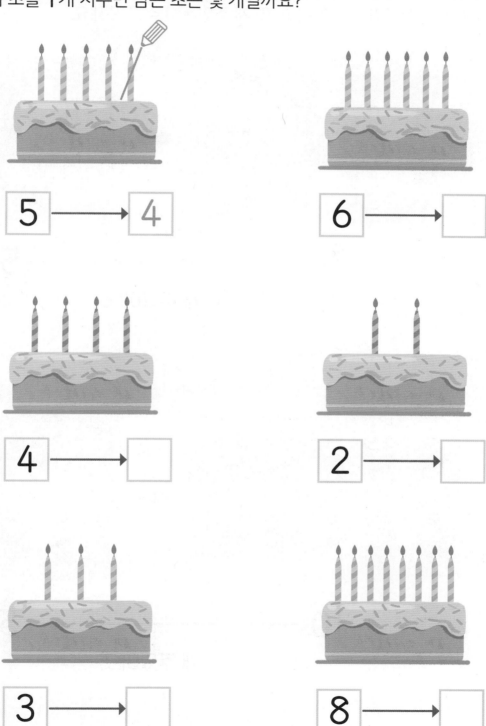

 장난감을 동생에게 몇 개 주었더니 **5**개가 남았어요.
동생에게 준 장난감에 ×표 하고, 몇 개 주었는지 수를 쓰세요.

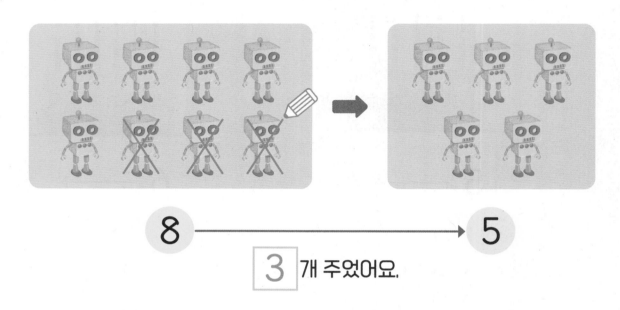

8 ⟶ 5

3 개 주었어요.

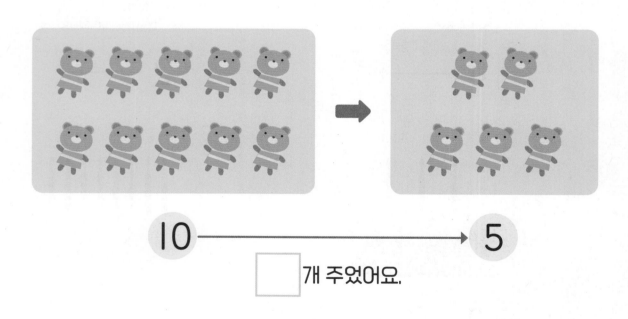

10 ⟶ 5

개 주었어요.

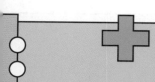
남은 수를 보고 얼마나 지웠는지 빼는 수를 추론하는 문제입니다.
결과를 보고 줄어든 수를 찾아야 하므로 아이가 어렵게 생각한다면 바둑돌, 블록 등의 구체물을 준비하여
문제를 만들어 보면서 연습하세요.

 블록이 **3**개 남을 때까지 ×로 지우고, 지운 블록의 수를 쓰세요.

| 개 지웠어요.

☐ 개 지웠어요.

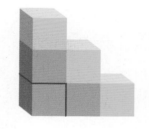

☐ 개 지웠어요.

☐ 개 지웠어요.

☐ 개 지웠어요.

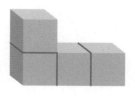

☐ 개 지웠어요.

❶ 그림을 수로 나타내고 ➡ ❷ 수를 비교하고 ➡ ❸ 답을 구하세요.

사과와 귤 중에서 무엇이 **더 많을까요?**

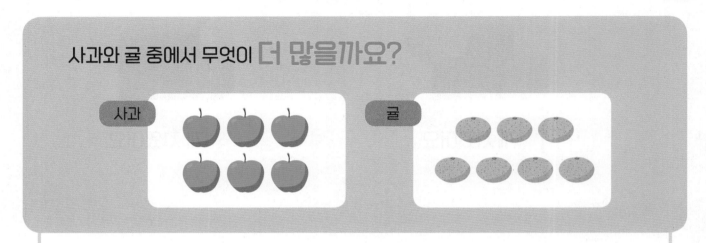

잠깐! 사과와 귤이 각각 몇 개인지 세어 보세요.
두 수를 비교하면 무엇이 더 많은지 알 수 있어요.

사과 는 **6** 개, 귤은 **7** 개

➡ **6** < **7**

큰 수 쪽으로
입을 벌려!

답 ➤ _____ 이 더 많습니다.

 수를 쓰는 게 아니야. 사과인지 귤인지야.

지도가이드

앞에서 배운 것처럼 하나씩 짝을 지으면서 무엇이 남는지 알아내는 방법도 있지만 각각의 수를 세어서 수의 크기를 비교한 후 말로 표현하는 방법도 있습니다. 그림을 수로 표현하는 연습은 앞으로 배울 뺄셈식을 학습하는 데 도움이 됩니다.

❶ 그림을 수로 나타내고 ➡ ❷ 수를 비교하고 ➡ ❸ 답을 구하세요.

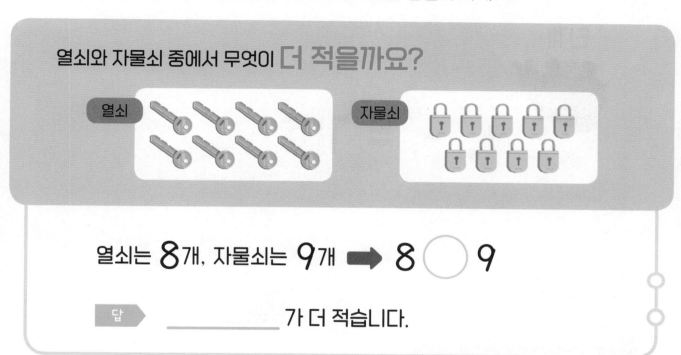

열쇠와 자물쇠 중에서 무엇이 더 적을까요?

열쇠   자물쇠

열쇠는 **8**개, 자물쇠는 **9**개 ➡ **8** ◯ **9**

답 ▶ _____ 가 더 적습니다.

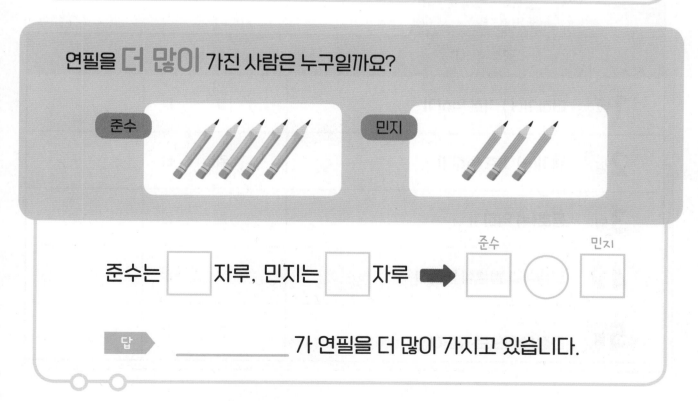

연필을 더 많이 가진 사람은 누구일까요?

준수   민지

준수는 ▢ 자루, 민지는 ▢ 자루 ➡ 준수 ▢ ◯ 민지 ▢

답 ▶ _____ 가 연필을 더 많이 가지고 있습니다.

6단계

+, −, = 기호

이 단계에서는 +, −, = 기호를 사용하여 덧셈식과 뺄셈식 쓰기 훈련을 합니다.

처음으로 기호와 숫자를 사용하여 연산을 익히기 시작할 때 '수식은 기호와 숫자를 통해 문장을 압축한 형태'라는 사실을 간과하기 쉽습니다. 교통표지판과 같이 여러 가지 상황을 기호로 나타내는 것에 익숙한 어른에게는 수식이 쉽지만 아이에게는 상황을 살피는 것부터 이미 어려울 수 있습니다. +, −, = 기호에 대한 상황을 여러 번 경험하면서 기호의 의미를 알게 될 때까지 아이의 이해 속도에 맞춰 학습을 진행해 주세요.

연산 시각화 모델

덧셈 상황

덧셈에는 '합병'과 '가산' 상황이 있습니다. 하지만 초등학교에 들어가기 전부터 두 상황을 분리해서 배울 필요는 없습니다. 여러 가지 상황을 경험하고, 모두 '더하기(+)'로 나타낼 수 있다는 사실을 아는 것이 중요합니다.

뺄셈 상황

뺄셈에는 '제거'와 '차이' 상황이 있습니다. 그러나 덧셈과 마찬가지로 지금부터 분리해서 배울 필요는 없습니다. 여러 가지 상황을 경험하면서 '빼기(−)'로 나타내는 방법을 익힙니다.

상등 상황

+, −, = 중 아이들이 어려워하는 '='는 기호를 중심으로 왼쪽과 오른쪽이 같다는 '상등'을 의미합니다. 하지만 아이들은 수식을 많이 접한 후에도 '='를 계산 방향이나 결과를 나타내는 의미로 받아들이는 경우가 있습니다. 이럴 때에는 수식의 방향을 거꾸로 하거나 저울을 이용해 연습해 봅니다.

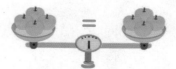

1일

+, −, = 기호

더하기(+) 기호 익히기

 원리 두 수를 더할 때에는 '＋'를 사용하여 식으로 나타낼 수 있어요.

쓰기
연습

＋	＋									

친구들은 모두 몇 명일까요?

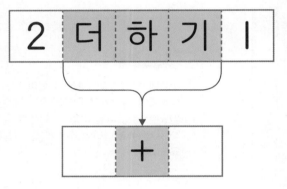

| 2 | 더 | 하 | 기 | 1 |

↓

| | ＋ | |

친구들은 모두 몇 명일까요?

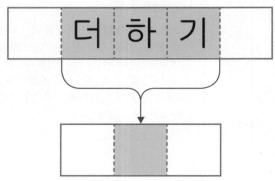

| | 더 | 하 | 기 | |

↓

| | | |

적용 오리는 모두 몇 마리일까요? 덧셈식을 만들어요.

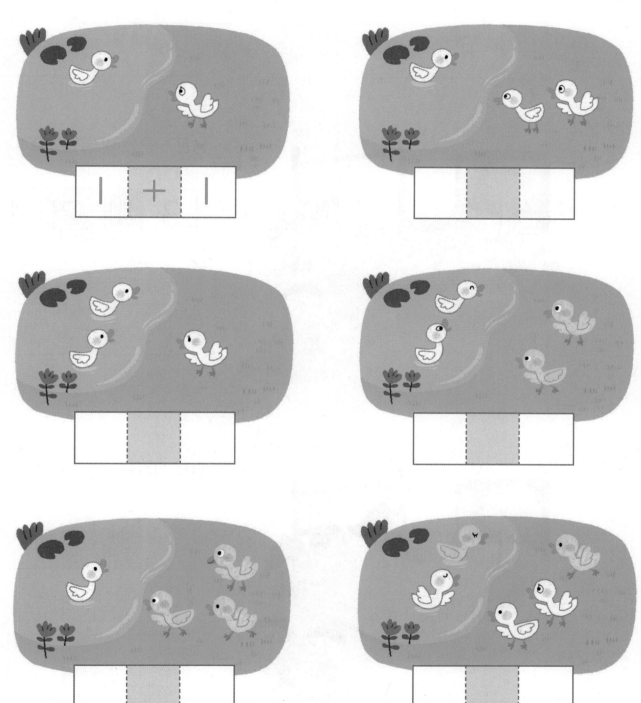

+, −, = 기호
빼기(−) 기호 익히기

 원리 한 수에서 다른 한 수를 뺄 때에는 ' − '를 사용하여 식으로 나타낼 수 있어요.

쓰기
연습   ─   ----

남은 친구는 몇 명일까요?

| 3 | 빼 | 기 | 1 |

| | ─ | |

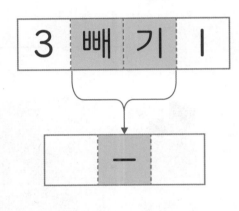

남은 친구는 몇 명일까요?

| | 빼 | 기 | |

| | ─ | |

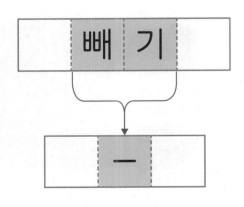

빼기는 덧셈과 달리 두 수의 위치를 바꾸어 계산할 수 없습니다. 따라서 '2-1'을 '1-2'와 같이 나타내지 않도록 주의합니다. 그림에서 지우거나 덜어낸 것도 처음에는 원래 있던 것임을 알려 주세요.

적용 나뭇가지에 남은 새는 몇 마리일까요? 뺄셈식을 만들어요.

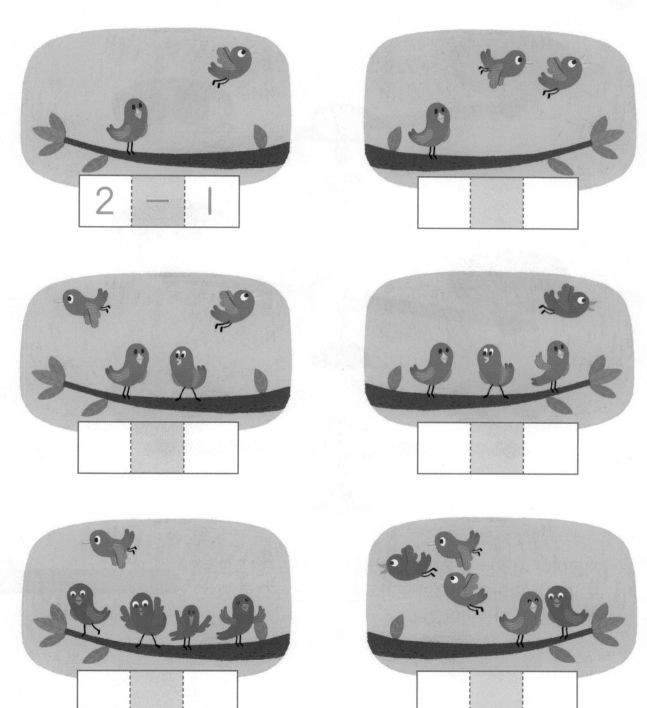

+, -, = 기호

등호(=) 익히기

 원리 한쪽으로 기울지 않고 양쪽의 무게가 같은 저울을 찾아 ◯표 하세요.

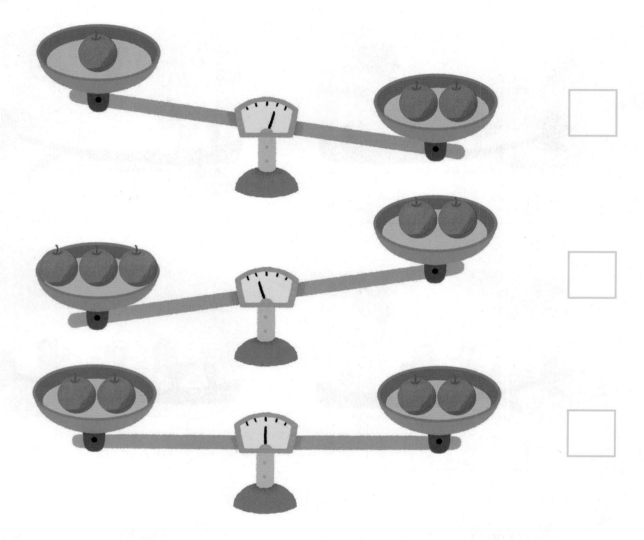

저울이나 시소는 양쪽의 무게가 같으면 어느 한쪽으로도 기울지 않아요. 이때의 모양처럼 같다는 뜻으로 기호 '=(등호)'를 만들었어요.

쓰기 연습	=	=						

같은 종류는 무게가 같은 것으로 보고 양쪽의 개수가 같으면 양쪽의 무게가 같다고 생각하여 비교합니다.
양쪽의 개수가 다르면 수가 많은 쪽으로 저울이 기울어지게 된다는 것을 알려 주세요.

적용 저울을 보고 양쪽이 같은 것을 찾아 ＝를 쓰세요.

＝

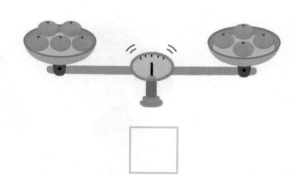

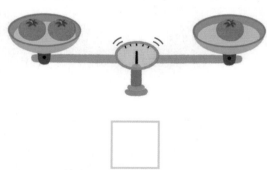

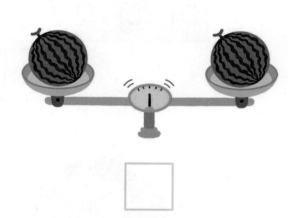

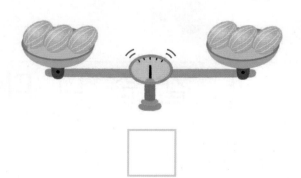

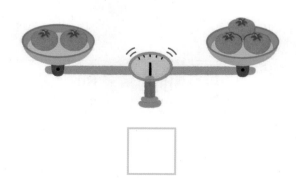

+, −, = 기호

덧셈식과 뺄셈식 만들기

원리 빵빵하게 분 풍선은 몇 개일까요? 덧셈식과 뺄셈식을 만들어 보세요.

2	더 하 기	3	은	5	와	같 습 니 다

	+		=	

5	빼 기	2	는	3	과	같 습 니 다

	−		=	

앞에서 배운 기호를 활용하여 덧셈식과 뺄셈식을 만들어 보는 학습입니다. "풍선을 5개 불었는데 2개 터졌어.", "복숭아가 2개 열렸는데 2개 더 열렸구나."처럼 그림을 보면서 어떤 상황에서 어떻게 식을 만들 수 있는지 이해할 수 있도록 도와주세요.

적용 그림을 보고 덧셈식과 뺄셈식을 만들어 보세요.

| 2 | + | 2 | = | 4 |

| | | | | |

| | | | | |

| | | | | |

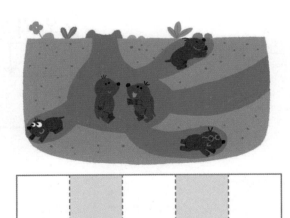

| | | | | |

❶ 말을 기호로 나타내고 ➡ ❷ 식을 완성하세요.

문장을 **식**으로 나타내세요.

> **2**와 **4**의 **합**은 **6**입니다.

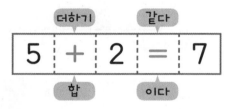

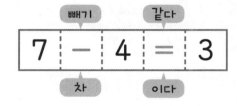

 합은 덧셈한 결과를, 차는 뺄셈한 결과를 의미해요.
"합은 로봇 합체할 때 합! 차는 차이나는 것!"
헷갈리지 않게 잘 알아두세요.

2와 **4**의 **합**은   **6**입니다.

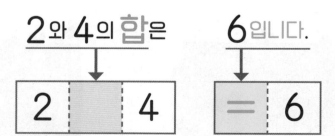

식 ➡ _____

지도가이드

더하기는 '+'로, 빼기는 '−'로, 같다는 '='로 나타내는 것처럼 합은 '+'로, 차는 '−'로 나타낼 수 있다는 것을 배웁니다. 합, 차라는 한자어는 아직 어려울 수 있으므로 식을 이렇게도 읽을 수 있다는 것을 이해하는 정도로 학습하세요.

❶ 말을 기호로 나타내고 ➡ ❷ 식을 완성하세요.

문장을 **식**으로 나타내세요.

> **1 더하기 3은 4와 같습니다.**

식 ▶ _____

문장을 **식**으로 나타내세요.

> **8과 5의 차는 3입니다.**

식 ▶ _____

7 단계

구조적 연산 훈련 ❶
(1 큰 수와 +1)

6단계에서 배운 덧셈 기호와 등호를 이용해 더하기 1과 더하기 2를 학습합니다. 2권부터는 덧셈의 원리를 모으기 활동으로 배우지만 아직 수를 조작하는 데 익숙하지 않으므로 수의 순서와 덧셈을 연결지어 학습하도록 합니다.

연산 시각화 모델

5×2 수 구슬 모델

손가락의 5+5 모델을 5×2 구조로 형식화한 모델입니다. 수량 감각을 익히는 데 가장 효과적인 모델 중 하나입니다. 5를 기준으로 계산 결과가 5보다 큰지 작은지를 빠르게 파악할 수 있습니다.

연결 모형 모델

연결 모형은 수학에서 흔히 볼 수 있는 교구입니다. 블록 형태로 수량을 직접 나타낼 수 있고, 연결하거나 분리할 수 있어 덧셈과 뺄셈의 개념을 익히는 데 효과적인 모델입니다. 숫자 대신 연결 모형을 더 그리거나 색칠하면서 계산하는 훈련을 합니다.

수직선 모델

화살표의 방향은 덧셈인지 뺄셈인지를 나타내고, 뛰어 세는 칸의 수는 수의 크기를 나타냅니다. 수직선 모델은 수와 방향을 모두 표현할 수 있어 덧셈과 뺄셈의 원리를 이해하는 데 효과적입니다.

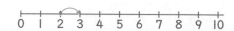

원리 수의 순서를 잘 생각하면서 다음 수를 쓰세요.

| 0 | 1 | 2 | 3 |

2 →(다음 수) 3

| 7 | 8 | 9 | |

9 →(다음 수) ○

| 6 | 7 | 8 | |

8 →(다음 수) ○

| 2 | 3 | 4 | |

4 →(다음 수) ○

| 3 | 4 | 5 | |

5 →(다음 수) ○

| 5 | 6 | 7 | |

7 →(다음 수) ○

지도가이드

2단계에서 배운 수의 순서를 활용하여 바로 다음 수가 1 큰 수라는 것을 알게 합니다. 9 다음 수가 10이고, 10은 9보다 1 큰 수라는 것을 연관 지어 알려 주세요. 개수를 모두 세는 것보다 달걀판과 같은 5×2 구조를 이용하는 것이 효과적입니다.

적용 구슬이 ❙개 더 생겼어요. 빈 구슬 ❙개를 색칠하고, 모두 몇 개인지 세어 보세요.

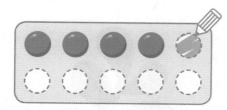

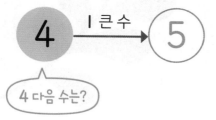

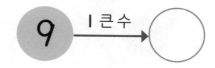

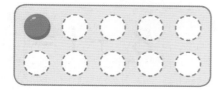

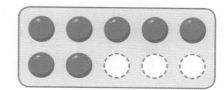

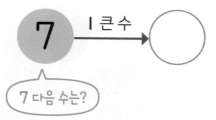

원리 나뭇잎을 1개 더 붙이고, 나뭇잎은 모두 몇 개인지 세어 보세요.

스티커

| 4 | 1 큰 수 → | ☐ |

4 + 1 = ☐

| 8 | 1 큰 수 → | ☐ |

8 + 1 = ☐

| 6 | 1 큰 수 → | ☐ |

6 + 1 = ☐

| 5 | 1 큰 수 → | ☐ |

5 + 1 = ☐

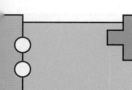

1 큰 수를 식으로 +1(더하기 1)과 같이 나타낼 수 있다는 사실을 알게 합니다.
4보다 1 큰 수는 '4+1'로 나타낼 수 있습니다. 6단계에서 배운 +, −, = 기호를 능숙하게 사용할 수 있도록 좀더 연습하세요.

 연결 모형을 □로 하나 더 그리고, □ 안에 알맞은 수를 쓰세요.

$3 + 1 = \boxed{}$

$1 + 1 = \boxed{}$

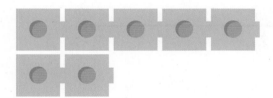

$7 + 1 = \boxed{}$

$2 + 1 = \boxed{}$

$\boxed{} + 1 = \boxed{}$

$\boxed{} + 1 = \boxed{}$

원리 사과를 하나씩 더 그리면서 수가 어떻게 달라지는지 살펴보세요.

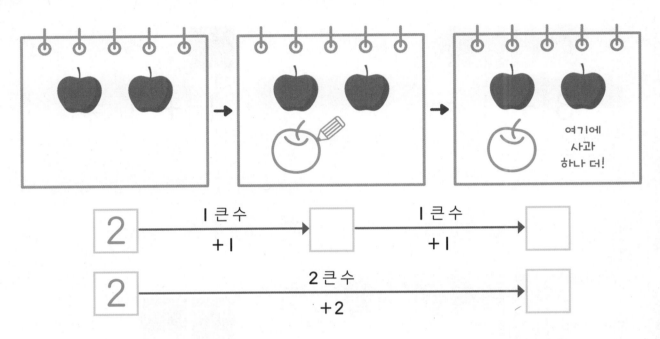

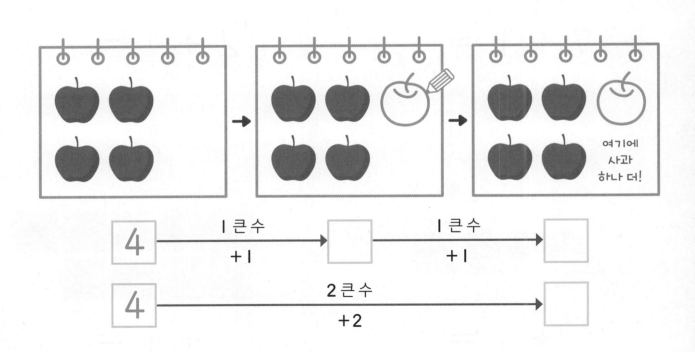

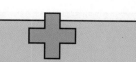

적용 구슬이 **2**개 더 생겼어요. 빈 구슬 **2**개를 색칠하고, ☐ 안에 알맞은 수를 쓰세요.

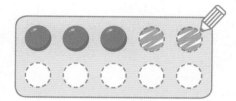

$$3 + 2 = \boxed{}$$

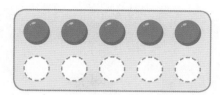

$$5 + 2 = \boxed{}$$

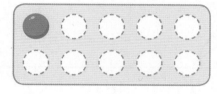

$$1 + 2 = \boxed{}$$

$$7 + 2 = \boxed{}$$

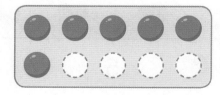

$$\boxed{} + 2 = \boxed{}$$

$$\boxed{} + 2 = \boxed{}$$

원리 뛰어 센 수를 보고 ☐ 안에 알맞은 수를 쓰세요.

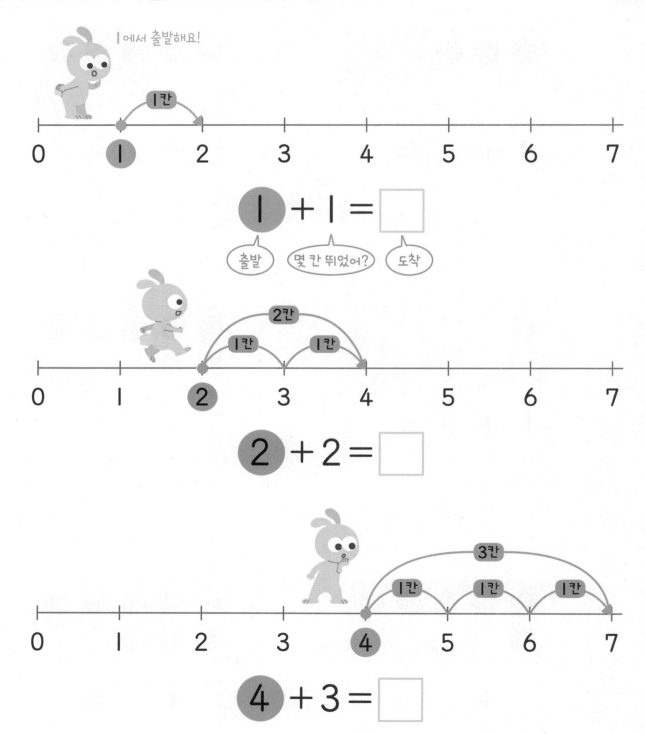

1 에서 출발해요!

1칸

0   1   2   3   4   5   6   7

① + | = ☐

출발   몇 칸 뛰었어?   도착

2칸

1칸   1칸

0   1   2   3   4   5   6   7

② + 2 = ☐

3칸

1칸   1칸   1칸

0   1   2   3   4   5   6   7

④ + 3 = ☐

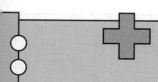

지도가이드

3단계에서 배운 수직선 모델을 활용하여 뛰어 세는 덧셈을 합니다.
수직선 위에 직접 표시하면서 뛰어 세면 덧셈을 쉽게 이해할 수 있습니다. '+1'은 오른쪽으로 1칸, '+2'는 오른쪽으로 2칸, '+3'은 오른쪽으로 3칸을 뛰어 세면 됩니다.

 수직선을 보고 뛰어 센 수만큼 덧셈을 하세요.

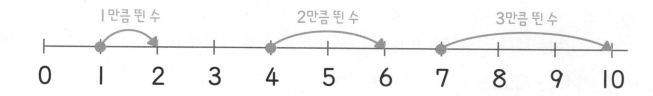

$3 + 1 = \boxed{}$

0 1 2 3 4 5 6 7 8 9 10

$6 + 2 = \boxed{}$

0 1 2 3 4 5 6 7 8 9 10

$5 + 3 = \boxed{}$

0 1 2 3 4 5 6 7 8 9 10

$7 + 2 = \boxed{}$

0 1 2 3 4 5 6 7 8 9 10

$8 + 1 = \boxed{}$

0 1 2 3 4 5 6 7 8 9 10

$2 + 3 = \boxed{}$

0 1 2 3 4 5 6 7 8 9 10

❶ 그림을 그려 덧셈식을 완성하고 ➡ ❷ 답을 구하세요.

지호는 올해 **7살**입니다.

누나는 지호보다 **한 살 더 많습니다**.

누나는 몇 살일까요?

잠깐! 더 많은 것은 더 큰 수를 말해요.
그림을 그려서 1 큰 수를 찾고, 덧셈식도 만들어 보세요.

그림 ⬤⬤⬤⬤⬤⬤⬤ ◯

지호의 나이만큼
⬤를 7개 그리고

누나가
1살 더 많으니까
1개 더 그리자.

덧셈식 $7 + 1 = \boxed{8}$

답 누나는 _____ 살입니다.

지도가이드

'7보다 1 큰 수'는 덧셈식을 세우지 않아도 수의 순서를 이용해 답을 구할 수 있지만, 다음 수와 1 큰 수, 덧셈식까지 이어지도록 훈련해야 연산 감각을 키울 수 있습니다. 앞으로 자주 등장할 문장제를 접하면서 더 많은 것을 구할 때 덧셈식을 세운다는 것을 알게 합니다.

❶ 그림을 그려 덧셈식을 완성하고 ➡ ❷ 답을 구하세요.

상자에 배는 **4개** 있고, 사과는 배보다 **2개 더 많습니다**.
사과는 몇 개일까요?

그림

덧셈식 □ + □ = □

답 사과는 ______ 개입니다.

우리 가족은 **3명**입니다.
동생이 **1명** 태어나면 우리 가족은 몇 명이 될까요?

그림

덧셈식 □ + □ = □

답 우리 가족은 ______ 명이 됩니다.

8 단계

구조적 연산 훈련 ❷
(1 작은 수와 −1)

덧셈에 이어 뺄셈 기호와 등호를 이용해 빼기 1과 빼기 2를 학습합니다. 뺄셈은 거꾸로 되돌아가거나 덜어내는 개념으로 아이들이 덧셈보다 어렵게 느낄 수 있습니다. 수를 거꾸로 세는 것을 활용해 뺄셈을 연습하세요.

연산 시각화 모델

5×2 수 구슬 모델

손가락의 5+5 모델을 5×2 구조로 형식화한 모델입니다. 구슬을 하나씩 지우면서 직관적으로 수량을 파악할 수 있고, 5를 기준으로 수의 크기를 빠르게 파악할 수 있습니다.

연결 모형 모델

연결 모형은 블록 형태로 수량을 직접 나타낼 수 있고, 연결하거나 분리하면서 연산 조작 활동이 가능합니다. 집에서는 아이들의 블록 장난감을 활용해 직접 손으로 활동을 해 보는 것도 좋습니다.

수직선 모델

뺄셈은 화살표가 왼쪽으로 움직이고, 거꾸로 뛰어 세는 칸의 수는 수의 크기를 나타냅니다. 수직선 모델은 수와 방향을 모두 표현할 수 있어 연산에 자주 등장하므로 그 의미를 잘 이해해 두는 것이 좋습니다.

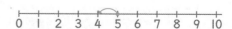

원리 수의 순서를 잘 생각하면서 이전 수를 쓰세요.

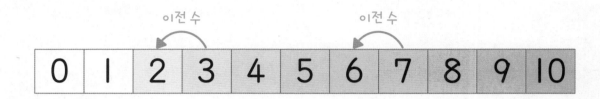

7단계와 마찬가지로 수의 순서에서 바로 이전 수가 1 작은 수라는 것을 알게 합니다. 1 이전 수가 0이고, 0 은 1보다 1 작은 수라는 것을 알려 주세요. 5×2 구조를 이용하여 1 작은 수를 하나 지우면서 세면 직관적으로 수량을 파악할 수 있습니다.

적용 친구에게 구슬 |개를 주었어요. 구슬 |개를 /으로 지우고, 몇 개 남는지 세어 보세요.

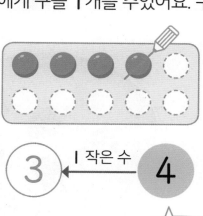

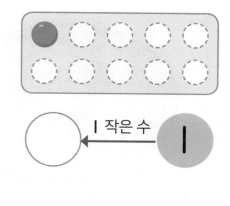

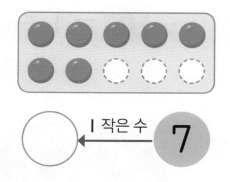

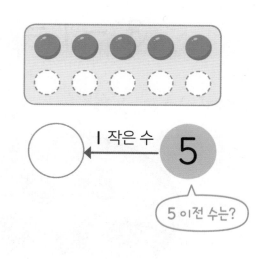

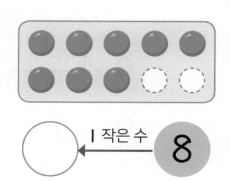

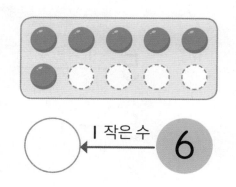

원리 지우가 딸기 1개를 먹었어요. 딸기 1개 위에 지우 얼굴을 붙이고, 딸기가 몇 개 남았는지 세어 보세요.

스티커

$3 \xrightarrow{\text{1 작은 수}} \square$

$3 - 1 = \square$

$6 \xrightarrow{\text{1 작은 수}} \square$

$6 - 1 = \square$

$5 \xrightarrow{\text{1 작은 수}} \square$

$5 - 1 = \square$

$9 \xrightarrow{\text{1 작은 수}} \square$

$9 - 1 = \square$

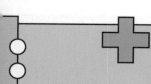

지도가이드

1 작은 수를 식으로 −1(빼기 1)과 같이 나타낼 수 있다는 사실을 알게 합니다.
9보다 1 작은 수는 '9−1'로 나타낼 수 있습니다. 6단계에서 배운 +, −, = 기호를 능숙하게 사용할 수 있도록
좀더 연습하세요.

 연결 모형을 ✕로 하나 지우고, ☐ 안에 알맞은 수를 쓰세요.

$$4 - 1 = \boxed{}$$

$$2 - 1 = \boxed{}$$

$$1 - 1 = \boxed{}$$

$$7 - 1 = \boxed{}$$

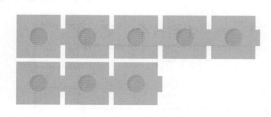

$$\boxed{} - 1 = \boxed{}$$

$$\boxed{} - 1 = \boxed{}$$

원리 사과를 하나씩 지우면서 수가 어떻게 달라지는지 살펴보세요.

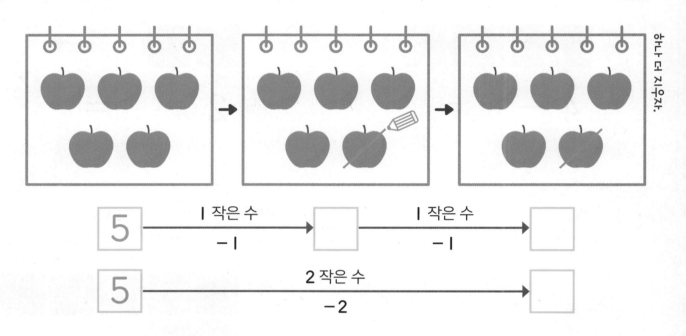

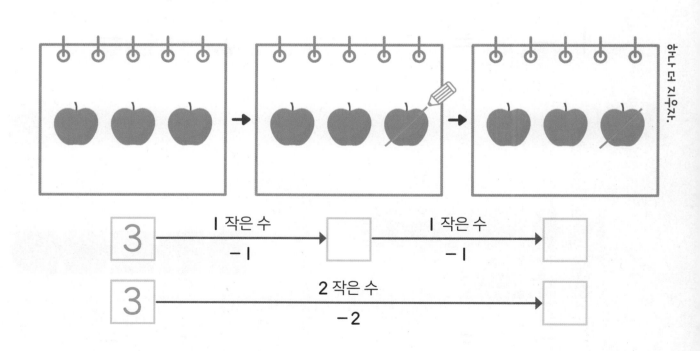

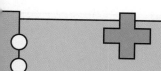
 구슬 **2**개를 빼면 몇 개 남을까요? 구슬 **2**개를 /으로 지우고 ☐ 안에 알맞은 수를 쓰세요.

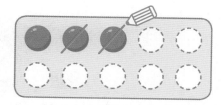

$3 - 2 = $ ☐

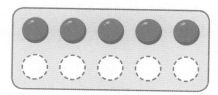

$5 - 2 = $ ☐

$6 - 2 = $ ☐

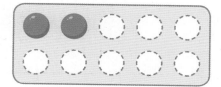

$2 - 2 = $ ☐

☐ $- 2 = $ ☐

☐ $- 2 = $ ☐

원리 거꾸로 뛰어 센 수를 보고 □ 안에 알맞은 수를 쓰세요.

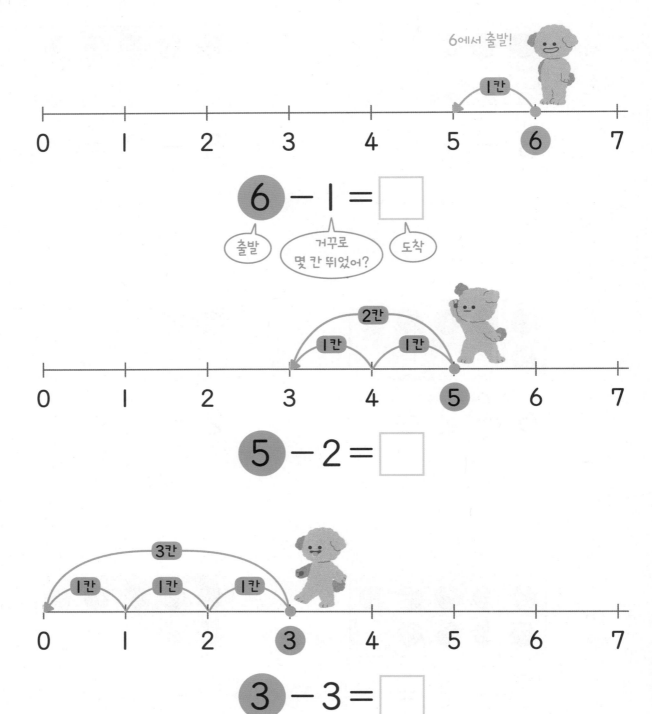

6에서 출발!

1칸

$$6 - 1 = \boxed{}$$

출발   거꾸로 몇 칸 뛰었어?   도착

2칸
1칸   1칸

$$5 - 2 = \boxed{}$$

3칸
1칸   1칸   1칸

$$3 - 3 = \boxed{}$$

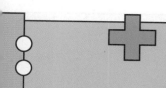

적용 수직선을 보고 거꾸로 뛰어 센 수만큼 뺄셈을 하세요.

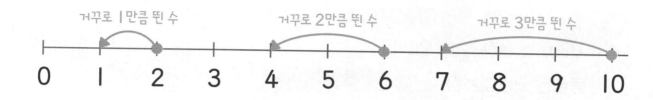

거꾸로 1만큼 뛴 수   거꾸로 2만큼 뛴 수   거꾸로 3만큼 뛴 수

0 1 2 3 4 5 6 7 8 9 10

$5 - 1 = \boxed{}$

0 1 2 3 4 5 6 7 8 9 10

$9 - 3 = \boxed{}$

0 1 2 3 4 5 6 7 8 9 10

$3 - 2 = \boxed{}$

0 1 2 3 4 5 6 7 8 9 10

$7 - 1 = \boxed{}$

0 1 2 3 4 5 6 7 8 9 10

$2 - 1 = \boxed{}$

0 1 2 3 4 5 6 7 8 9 10

$6 - 3 = \boxed{}$

0 1 2 3 4 5 6 7 8 9 10

❶ 그림을 그려 뺄셈식을 완성하고 ➡ ❷ 답을 구하세요.

> 서준이는 올해 **7살**입니다.
>
> 동생은 서준이보다 **2살 더 적습니다**.
>
> 동생은 몇 살일까요?

잠깐!

더 적은 것은 더 작은 수를 말해요.
그림을 그려서 7보다 2 작은 수를 찾고,
7에서 2를 빼는 뺄셈식으로도 만들어 보세요.

그림▶ ⬤ ⬤ ⬤ ⬤ ⬤ ⊘ ⊘

서준이의 나이만큼
⬤를 **7**개 그리고

동생이
2살 더 적으니까
2개를 지우자.

뺄셈식▶ $7 - 2 = \boxed{5}$

답▶ 　동생은 ＿＿＿＿＿＿ 살입니다.

이전 수와 1 작은 수, 뺄셈식까지 이어지는 훈련을 통해 연산 감각을 키울 수 있습니다.
아이가 덧셈보다 뺄셈을 더 어려워하는 경우가 많으므로 구체물이나 주변에서 쉽게 접할 수 있는 상황을
활용하여 이해를 도와주세요.

❶ 그림을 그려 뺄셈식을 완성하고 ➡ ❷ 답을 구하세요.

버스에 사람이 **4명** 타고 있었는데 정류장에서 **한 명**이 내렸습니다.
더 탄 사람이 없다면 버스에는 몇 명이 타고 있을까요?

그림 ▶

뺄셈식 ▶ □ ― □ = □

답 ▶ 버스에는 _____ 명이 타고 있습니다.

풍선이 **5개** 있었는데 **3개**가 터졌습니다.
남은 풍선은 몇 개일까요?

그림 ▶

뺄셈식 ▶ □ ― □ = □

답 ▶ 남은 풍선은 _____ 개입니다.

1권의 학습이 끝났습니다.
기억에 남는 내용을
자유롭게 기록해 보세요.

2권에서
만나요!

한 눈에 보는 정답

1 단계 10까지의 수

1일   8~9쪽

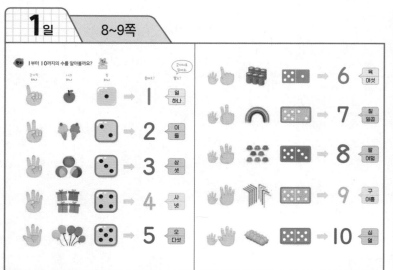

2일   10~11쪽

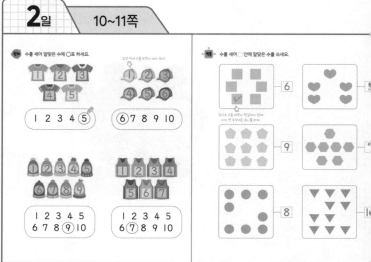

3일   12~13쪽

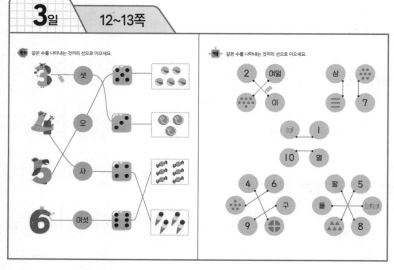

4일   14~15쪽

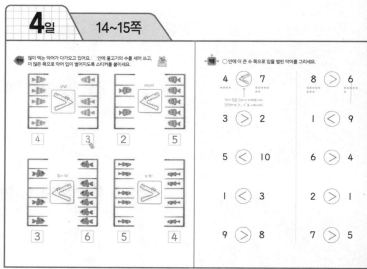

5일   16~17쪽

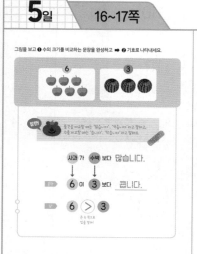

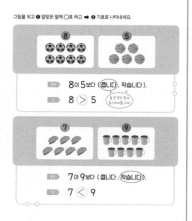

2 단계 수의 순서

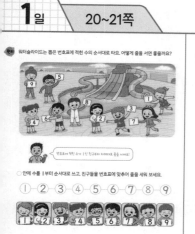

1일 20~21쪽

2일 22~23쪽

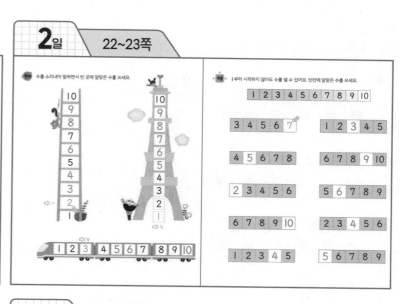

3일 24~25쪽

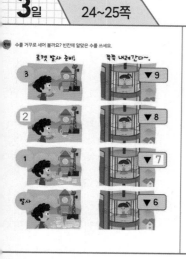

4일 26~27쪽

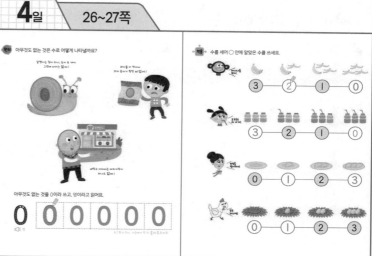

5일 28~29쪽

3 단계 수직선

1일 32~33쪽

2일 34~35쪽

3일 36~37쪽

4일 38~39쪽

5일 40~41쪽

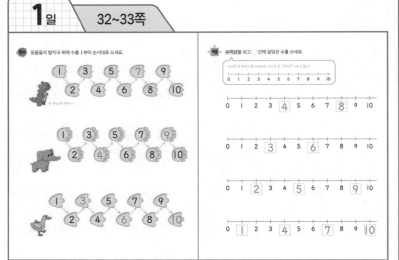

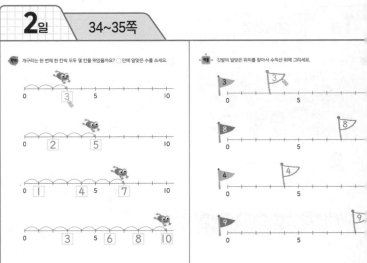

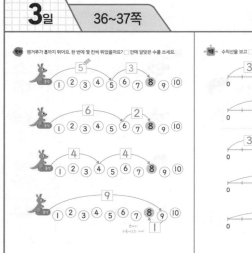

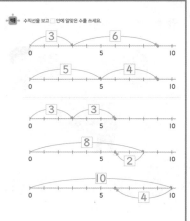

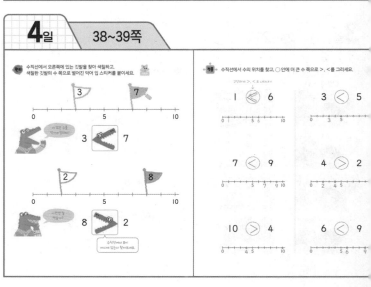

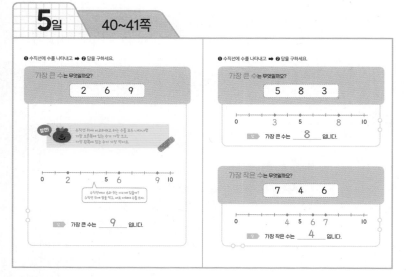

1일 44~45쪽

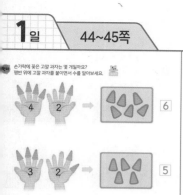

손가락에 꿰운 고깔 과자는 몇 개일까요?
쟁반 위에 고깔 과자를 붙이면서 수를 알아보세요.

펼친 손가락은 모두 몇 개일까요? 펭귄이 들고 있는 □ 안에 알맞은 수를 쓰세요.

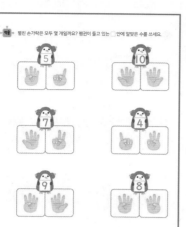

2일 46~47쪽

두 봉지의 사탕을 모두 모으면 몇 개일까요? 스티커를 붙이고 수를 쓰세요.

위의 두 칸에 공을 넣으면 아래 칸에서 모여요. 빈 곳에 알맞은 수를 쓰세요.

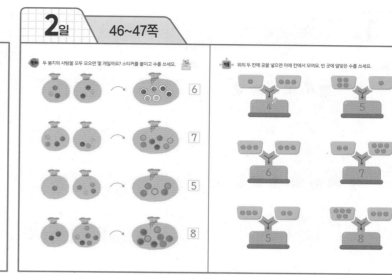

3일 48~49쪽

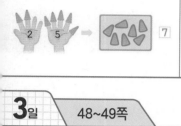

종이배를 2개 더 접었어요.
종이배에 스티커를 더 붙이고, 모두 몇 개인지 수를 쓰세요.

구슬을 1개 더 그리면 구슬은 모두 몇 개일까요?

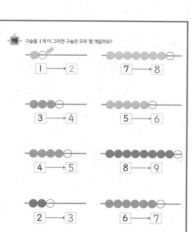

4일 50~51쪽

주차장에 자동차가 몇 대 더 들어와서 모두 6대가 되었어요.
더 들어온 자동차에 ○표 하고, 몇 대 더 들어왔는지 수를 쓰세요.

과일이 7개가 될 때까지 ○를 더 그리고, 더 그린 ○의 수를 쓰세요.

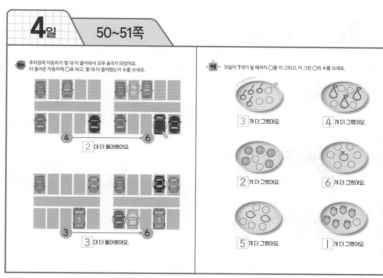

5일 52~53쪽

문장을 잘 읽고 ❶ 수를 그림으로 나타내고 ➡ ❷ 답을 구하세요.

화단에 꽃이 2송이 피어 있었는데
오늘 │ 송이 더 피었습니다.
화단에 피어 있는 꽃은 모두 몇 송이일까요?

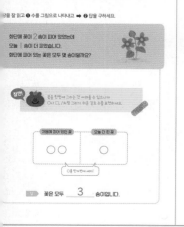

꽃은 모두 __3__ 송이입니다.

문장을 잘 읽고 ❶ 수를 그림으로 나타내고 ➡ ❷ 답을 구하세요.

수영장에 어린이가 4명 있었는데 어린이가 │ 명이 더 왔습니다.
수영장에 있는 어린이는 모두 몇 명일까요?

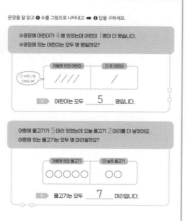

처음에 있던 어린이	더 온 어린이
////	/

어린이는 모두 __5__ 명입니다.

어항에 물고기가 5마리 있었는데 오늘 물고기 2마리를 더 넣었어요.
어항에 있는 물고기는 모두 몇 마리일까요?

처음에 있던 물고기	더 넣은 물고기
○○○○○	○○

물고기는 모두 __7__ 마리입니다.

5 단계 연산 기호가 없는 뺄셈

1일 56~57쪽

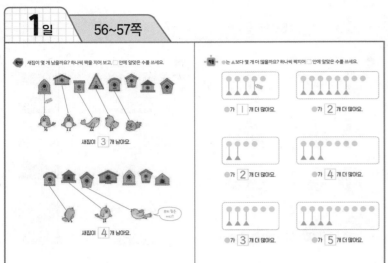

새집이 몇 개 남을까요? 하나씩 짝을 지어 보고, □ 안에 알맞은 수를 쓰세요.

새집이 3 개 남아요.

새집이 4 개 남아요.

●는 ▲보다 몇 개 더 많을까요? 하나씩 짝지어 □ 안에 알맞은 수를 쓰세요.

● 가 1 개 더 많아요.　　● 가 2 개 더 많아요.

● 가 2 개 더 많아요.　　● 가 4 개 더 많아요.

● 가 3 개 더 많아요.　　● 가 5 개 더 많아요.

2일 58~59쪽

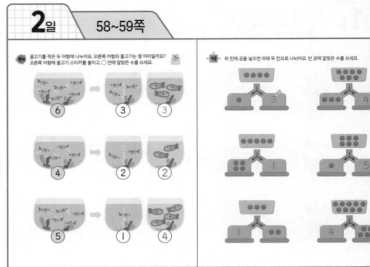

물고기를 작은 두 어항에 나누어요. 오른쪽 어항의 물고기는 몇 마리일까요?
오른쪽 어항에 물고기 스티커를 붙이고, ○ 안에 알맞은 수를 쓰세요.

6 → 3 3

4 → 2 2

5 → 1 4

위 칸에 공을 넣으면 아래 두 칸으로 나뉘어요. 빈 곳에 알맞은 수를 쓰세요.

3　　4

1　　1

1　　4

3일 60~61쪽

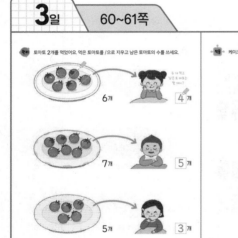

토마토 2개를 먹었어요. 먹은 토마토를 /으로 지우고 남은 토마토의 수를 쓰세요.

6개 → 4 개

7개 → 5 개

5개 → 3 개

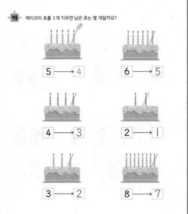

케이크의 초를 1개 지우면 남은 초는 몇 개일까요?

5 → 4　　6 → 5

4 → 3　　2 → 1

3 → 2　　8 → 7

4일 62~63쪽

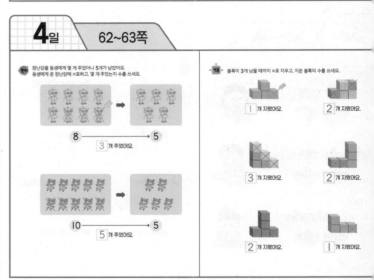

장난감을 동생에게 몇 개 주었더니 5개가 남았어요.
동생에게 준 장난감에 X표하고, 몇 개 주었는지 수를 쓰세요.

8 → 5
3 개 주었어요.

10 → 5
5 개 주었어요.

블록이 3개 남을 때까지 X로 지우고, 지운 블록의 수를 쓰세요.

1 개 지웠어요.　　2 개 지웠어요.

3 개 지웠어요.　　2 개 지웠어요.

2 개 지웠어요.　　1 개 지웠어요.

5일 64~65쪽

❶ 그림을 수로 나타내고 ➡ ❷ 수를 비교하고 ➡ ❸ 답을 구하세요

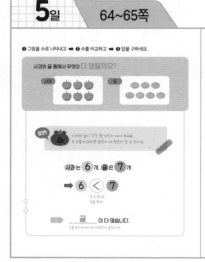

사과와 귤 중에서 무엇이 더 많을까요?

사과는 6 개, 귤은 7 개

➡ 6 < 7

➡ 귤 이 더 많습니다.

❶ 그림을 수로 나타내고 ➡ ❷ 수를 비교하고 ➡ ❸ 답을 구하세요

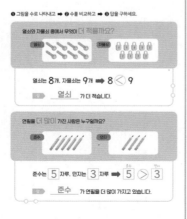

열쇠와 자물쇠 중에서 무엇이 더 적을까요?

열쇠는 8개, 자물쇠는 9개 ➡ 8 < 9

열쇠 가 더 적습니다.

연필을 더 많이 가진 사람은 누구일까요?

준수는 5 자루, 민지는 3 자루 ➡ 5 > 3

준수 가 연필을 더 많이 가지고 있습니다.

6 단계 +, −, = 기호

1일 68~69쪽

두 수를 더할 때에는 '+'를 사용하여 식으로 나타낼 수 있어요.

쓰기연습 | + | + | + | + | + | + | + | + | + | + | + |

친구들은 모두 몇 명일까요?
2 더 하 기 1
2 + 1

친구들은 모두 몇 명일까요?
3 더 하 기 2
3 + 2

오리는 모두 몇 마리일까요? 덧셈식을 만들어요.

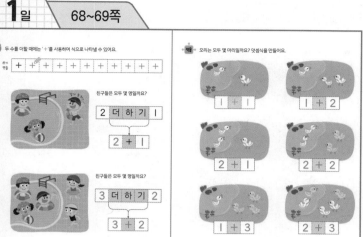

1 + 1	1 + 2
2 + 1	2 + 2
1 + 3	2 + 3

2일 70~71쪽

한 수에서 다른 한 수를 뺄 때에는 '−'를 사용하여 식으로 나타낼 수 있어요.

쓰기연습 | − | − | − | − | − | − | − | − | − | − | − |

남은 친구는 몇 명일까요?
3 빼 기 1
3 − 1

남은 친구는 몇 명일까요?
5 빼 기 2
5 − 2

나뭇가지에 남은 새는 몇 마리일까요? 뺄셈식을 만들어요.

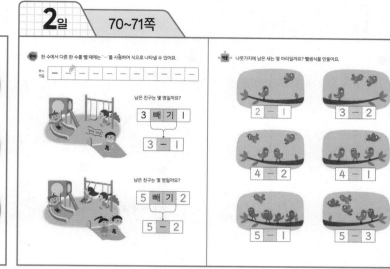

2 − 1	3 − 2
4 − 2	4 − 1
5 − 1	5 − 3

3일 72~73쪽

한쪽으로 기울지 않고 양쪽의 무게가 같은 저울을 찾아 ○표 하세요.

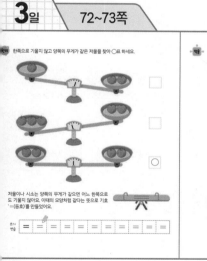

저울이나 시소는 양쪽의 무게가 같으면 어느 한쪽으로도 기울지 않아요. 이때의 모양처럼 같다는 뜻으로 기호 '=(등호)'를 만들었어요.

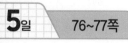

쓰기연습 = = = = = = = = = = = =

저울을 보고 양쪽이 같은 것을 찾아 =를 쓰세요.

=

=

=

4일 74~75쪽

펑펑하게 분 풍선은 몇 개일까요? 덧셈식과 뺄셈식을 만들어 보세요.

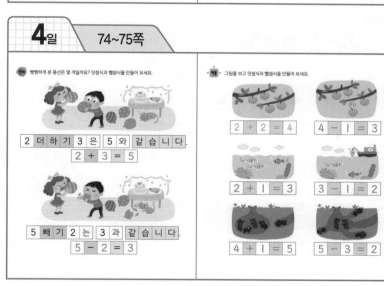

2 더 하 기 3 은 5 와 같 습 니 다.
2 + 3 = 5

5 빼 기 2 는 3 과 같 습 니 다.
5 − 2 = 3

그림을 보고 덧셈식과 뺄셈식을 만들어 보세요.

2 + 2 = 4	4 − 1 = 3
2 + 1 = 3	3 − 1 = 2
4 + 1 = 5	5 − 3 = 2

5일 76~77쪽

❶ 말을 기호로 나타내고 ➡ ❷ 식을 완성하세요.

문장을 식으로 나타내세요.
2와 4의 합은 6입니다.

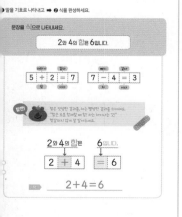

더하기 같다
5 + 2 = 7 7 − 4 = 3
합   빼기

잠깐 합은 덧셈의 결과를, 차는 뺄셈의 결과를 의미해요. "합은 모두 합하면 몇 개인가 하는 것" 헷갈리지 않게 잘 알아두세요.

2와 4의 합은 6입니다.
2 + 4 = 6
2 + 4 = 6

❶ 말을 기호로 나타내고 ➡ ❷ 식을 완성하세요.

문장을 식으로 나타내세요.
1 더하기 3은 4와 같습니다.

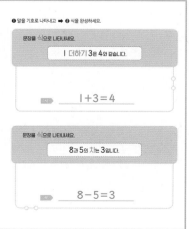

1 + 3 = 4

문장을 식으로 나타내세요.
8과 5의 차는 3입니다.

8 − 5 = 3

7 단계 구조적 연산 훈련 ❶

1일 80~81쪽

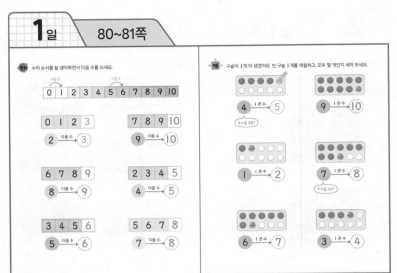

2일 82~83쪽

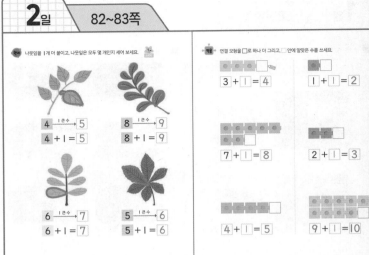

3일 84~85쪽

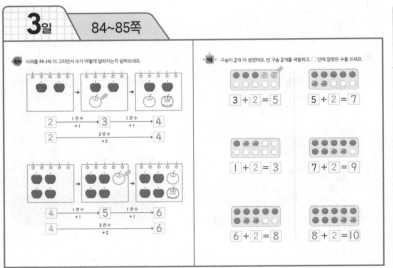

4일 86~87쪽

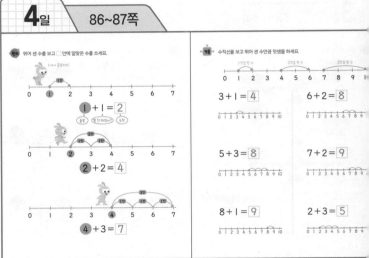

5일 88~89쪽

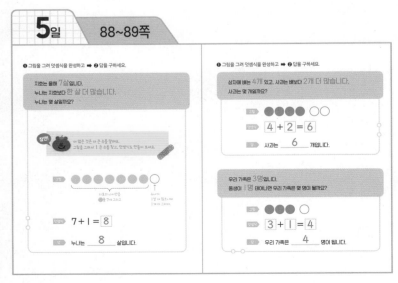

1일 92~93쪽

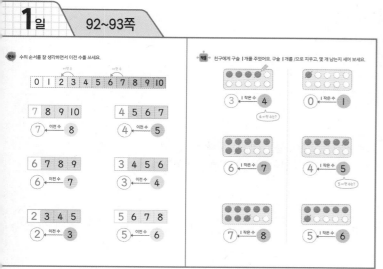

2일 94~95쪽

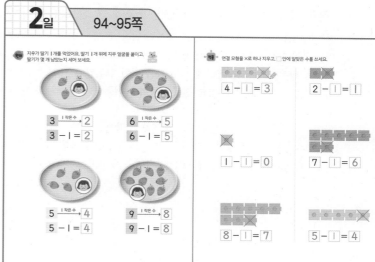

3일 96~97쪽

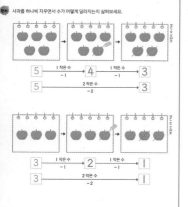

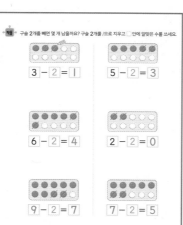

4일 98~99쪽

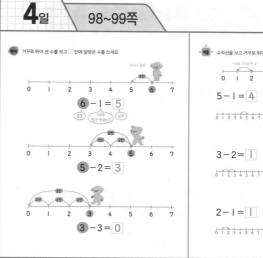

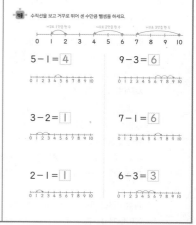

5일 100~101쪽

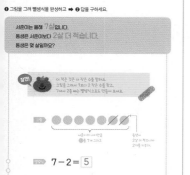

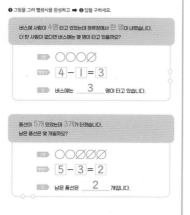

"혼자서 작은 산을 넘는 아이가 나중에 큰 산도 넘습니다"

본 연구소는 아이들이 스스로 큰 산까지 넘을 수 있는 힘을 키워 주고자 합니다.
아이들의 연령에 맞게 학습의 산을 작게 설계하여 혼자서 넘을 수 있다는 자신감을 심어 주고,
때로는 작은 고난도 경험하게 하여 가슴 벅찬 성취감을 느끼게 합니다.
국어, 수학, 유아 분과의 학습 전문가들이 아이들에게 실제로 적용해서 검증하며 차근차근 책을 출간합니다.

아이가 주인공인 기적학습연구소의 대표 저작물
–수학과: 〈기적의 계산법〉, 〈기적의 계산법 응용UP〉, 〈툭 치면 바로 나오는 기적특강 구구단〉, 〈딱 보면 바로 아는 기적특강 시계보기〉외 다수
–국어과: 〈30일 완성 한글 총정리〉, 〈기적의 독해력〉, 〈기적의 독서 논술〉, 〈맞춤법 절대 안 틀리는 기적특강 받아쓰기〉외 다수

기적의 계산법 예비초등 1권

초판 발행 · 2023년 11월 15일
초판 5쇄 발행 · 2024년 11월 29일

지은이 · 기적학습연구소
발행인 · 이종원
발행처 · 길벗스쿨
출판사 등록일 · 2006년 7월 1일
주소 · 서울시 마포구 월드컵로 10길 56 (서교동) | **대표 전화** · 02)332-0931 | **팩스** · 02)333-5409
홈페이지 · school.gilbut.co.kr | **이메일** · gilbut@gilbut.co.kr

기획 · 김미숙(winnerms@gilbut.co.kr) | **편집진행** · 이선진, 이선정
영업마케팅 · 문세연, 박선경, 박다슬 | **웹마케팅** · 박달님, 이재윤, 이지수, 나혜연
제작 · 이준호, 손일순, 이진혁 | **영업관리** · 김명자, 정경화 | **독자지원** · 윤정아
디자인 · 더다츠 | **삽화** · 김잼, 류은형, 전진희
전산편집 · 글사랑 | **CTP출력 · 인쇄** · 교보피앤비 | **제본** · 신정문화사

ISBN　979-11-6406-593-6 64410
(길벗 도서번호 10877)

정가 9,000원

독자의 1초를 아껴주는 정성 길벗출판사

길벗스쿨 | 국어학습서, 수학학습서, 유아콘텐츠유닛, 주니어어학, 어린이교양, 교과서, 길벗스쿨콘텐츠유닛
길벗 | IT실용서, IT/일반 수험서, IT전문서, 경제실용서, 취미실용서, 건강실용서, 자녀교육서
더퀘스트 | 인문교양서, 비즈니스서

8쪽

9쪽

14쪽
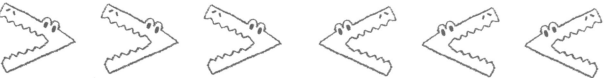

20쪽

38쪽

44쪽

46쪽

48쪽

58쪽

82쪽

94쪽